工廠叢書 ⑭

U0070348

如何診斷企業生產狀況

何永祺　黃憲仁/編著

憲業企管顧問有限公司　　發行

《如何診斷企業生產狀況》

序　言

　　製造業在激烈的市場競爭中，面臨著巨大的挑戰：供貨週期縮短，利潤空間減少，促使企業必須加強對生產成本和交貨期進行精確控制；市場競爭的全球化，客戶需求的個性化促使企業必須運用資訊化來提升管理水準；客戶對產品品質以及可追溯性要求的不斷提高，要求企業必須實現精細化管理；市場的迅速變化使企業必須實現快速反應，實現業務運作的視覺化等。

　　企業診斷始於 20 世紀 30 年代的美國，西方國家的企業界非常重視企業診斷，為保證企業能持續發展，企業做法是聘請顧問專家，針對企業經營發展中的問題，用科學的方法進行分析研究，提出改進方案，並實施有效治理。

　　外科醫生為病人動手術並不是簡單地動刀就行了，而是執行一個系統工程。在動手術以前，有一套完整的手術方案，這個方案規定了手術的每一個操作步驟和要點。在動手術的時候，所有參與手術的人組成一個非常高效的團隊。當外科醫生進入手術室後，麻醉師首先為病人麻醉。麻醉完成後，外科醫生無須說話，一伸手，護士就把手術刀遞了過來。外科醫生把病人需開刀的部位劃開以後，再一伸手，護士就把止血鉗遞過來。接著外科醫生找到關鍵的部位開始做手術，再一伸手，護士把縫合針遞過來。交接時，護士將器械往外科醫生手裏重重地一按，動作快捷而有

節拍。在整個手術過程中，次序井然，所有人都是全神貫注，堅決果斷，絕不會拖泥帶水，整個醫療團隊配合得非常默契。

　　從外科醫生為病人動手術的規範程序中可以看出，外科醫生型的生產模式是最好的模式。如果一個生產團隊能夠像外科醫生那樣進行有條不紊的管理，工作有重點，團隊配合默契、交接清楚，那麼他企業的生產管理一定是高效的。

　　本書全面闡述了生產管理各個環節的核心工作。全書通過大量的圖表，生動、直觀地將生產管理的實施辦法、操作技巧、操作步驟表現出來，便於讀者迅速抓住工作的核心與關鍵。在輕鬆閱讀中得到啟發和提高，並轉化為具體的實踐行動。

　　針對製造業的生產模式基礎，顧問師分析診斷公司內部的生產管理問題，並提出具體的成功解決方案。生產管理者通過閱讀本書，從生產現場尋找問題，解決問題，總結經驗，找出解決各種實際問題的方案，全方位、快速地提高管理能力，為生產管理者、專家提供了有用的參考與指導。

　　本書是生產主管、製造企業相關管理人員，能力提升、迅速提升自身能力的最佳學習工具書。

2020.03

《如何診斷企業生產狀況》

目　錄

1 生產部門診斷的理想目標

一、生產管理的理想目標

生產的最終目的，當然是期望於將產品順利的銷售到顧客的手中，然而在自由體制下，各種產品的銷售都是自由競爭的。因此，為求產品能順利的銷售，則對於產品必定要追求三項基本的要件，即

· 品質要良好。

· 交貨期要迅速確實。

· 成本要低。

換句話說，顧客對產品的要求，必定要物美價廉，而且要迅速確實的交貨。因此，生產之際必定要確實作到此三項基本目標。

生產管理是為按照預定數量、品質及期限，並依照計劃成本供給所需的製品或服務，使生產計劃化、標準化，且予以統制之意。其目標就是指向於生產的效率化。因此，生產管理是藉以綜合調整，加入生產諸要素的生產力，以提高全體經營的生產效能，所以生產管理綜合的理想目標是在於追求效率化。也就是說，在追求上述三項基本要件，使產品價廉物美且迅速確實的交貨。

為達成上述的理想目標，則在生產管理上所應時時注意的就是

要：

 ‧ 交貨期的確實化。

 ‧ 運轉率的提高。

 ‧ 生產時間的縮短。

 ‧ 作業應均衡化的負擔。

 ‧ 減低損耗及廢品。

　然而，在實際的生產活動裏，必須透過合理的生產原則，才能使生產的效果予以顯露，使生產管理的理想目標

　易於達成。此種其同的一般原則有三，即生產單純化、生產標準化及生產專業化。

（一）生產單純化

　原來單純化的意義是指為達或某種特定經營目的，盡量選定簡單的方法或手段，以此企圖遂行一切經營活動或職能等在經營上的方針而說，可是特別關於生產活動上的單純化是消除製品、零件、原料、設備等浪費之意。例如製品種類有多種時，盡量減少為少數種類。

　可是企業實施單純化的結果有何效果？此可分由生產者、銷售者及消費者三方面加以研究。

1. 生產者方面的利益

　單純化對生產者之利益甚多，尤其在生產管理上之單純化的效果極大，即：

　⑴容易實施生產管理：蓋由於製品種頹少，則將藏少作業安排計劃，具體的工程計劃也甚為容易。

⑵能有效地利用勞動力：即

①勞工訓練較為簡單。

②可能實施連續作業勞工易於熟練，且因工作條件安定可提高品質。

③能長期僱用勞工，薪資減低。

④意外事故減少，時間浪費亦可減少。

⑶能縮短生產期間及交貨日期。在裝配式的生產，其零件有單純化時，可利用存儲零件裝配完成品。

⑷能減少資本的固定化：因原料、材料、半製品、機械工具、場所等固定所有量可予以減少。

⑸能實施「經濟的生產」。

①能實施大量生產。

②以同一機械能長期從事同一作業。

③增加工人每人生產量。

④容易設計生產計劃。

⑤倉庫管理容易，且能減少合庫管理費用。

⑥購料事務簡單化，減少事務費用。

⑦能減少試驗設計時的損失。

⑧能簡單正確實施成本計算。

⑹推銷容易，節省推銷費用。

⑺易於實施標準化。

2. 銷售者方面的利益

⑴能提高商品週轉率，減少存貨比率。因為

①能向少數製品集中推銷能力。

②推銷簡單、節省費用。

③能誠少銷路不佳商品。

⑵能減少資金固定化

①存貨可以減少。

②零件少。

③節省儲貨暑所。

⑶能誠少存貨的減損及辦事費用。

3. 消費者方面的利益

⑴能購買廉價良質製品。

⑵減少購買所需時間及麻煩。

⑶商品的配銷迅速且正確。

(二)生產標準化

標準是作為效率的基準，對於事物的質、量或尺寸大小等所設定的範型之意，而利用科學方法設定標準並予以維持就是標準化。標準的設定可以在經營活動中一切方面實施。在生產活動方面，實施標準化的第一目標就是製品的標準化。即應生產製品有標準化，始能使生產設備、原料、方法等製造工程上的各要素標準化。

實施標準化的結果，有以下各項效果：

1. 製品的標準化

⑴能實施多量生產。

⑵其結果能減少生產成本。

⑶促進技術發達提高品質。

2. 製造工程的標準化

能減少工程內部的人、物及地理上、時間上各方面的浪費。

3. 作業方法的標準化

⑴能減少建築物、機械設備、工具、倉庫等費用。

⑵由於作業本身簡單化，故能減除由於作業的停滯、中斷等所生的浪費。

(三)生產專業化

⑴專業化不祇為生產管理上的重要原則，也是一般工作的原則。不管是體力勞動，或是精神勞動，由於專門擔任一種工作的結果，會容易熟練，提高工作效率，在質及量兩方面，能增大工作成果。專業化也是企業分部組織形成的原理，因此專業化對於個人或對於工作單位皆能適用。

⑵工廠相互間專業化的方法

①由於作業工程專業化。

②由於製品不同專業化。

這二種方法的共同地方，是從來在同一工廠內的不同性質活動，由於專業化而成為同一性質的活動。可是第 1 方法是垂直的專業化，反之第 2 方法則是水準的專業化。採用第 1 方法抑或第 2 方法的取捨標準主要的是在於生產製品用機械的性質如何。例如製品 A 的生產工程所用各種機械僅能使用於製品 A 的生產，不能利用於製品 B 的生產時，或其傾向大時，就採用第 2 方法。反之，製品 A 的生產工程所用各種機械仍然可用於製品 B、C、D 等之生產時，當然採用第 3 種專業化方法。

要採用專業化，則有一重要前提條件，那就是標準化的實施，即由於各作業人員間或各工廠相互間的專業化，替部門的生產量可能大增。此時必須考慮的事項，即是市場消化製品的力量，以及與後段工程部門的關聯上使製品的數量、品質、時間、精密程度等適合關係合理化，為此要實施合理化，必須決定製品的數量、品質、時間、精密程度的標準。換言之，如非決定標準，專業化將為不可能。

二、生產管理診斷的意義

生產管理，就廣義說來，是將事業經營，視為透過生產而供給社會所需的商品或服務，以確保在社會上存立的意義，而繼續此種活動的事業組織實體，對於事業經營的生產活動予以管理。其目標指向於生產的效率化，因此，藉以綜合調查，加入生產諸要素的生產力，以提高全體經營的生產效能。

經營體的經營職能，由其歷程分化的觀點觀之，可分為採購、製造、銷售、財務等主要活動，以及人事、總務、運輸、儲存等服務活動，而各有製造管理、銷售管理、財務管理及人事管理等。狹義的生產管理就是指製造管理而言，並不包括銷售管理、財務管理或人事管理。具體言之，生產管理是為按照預定的數量、品質及期限，並依照計劃成本供給所需的製品或服務，使生產計劃、標準化，且予以統制之意。因此，生產管理的目的可列舉四點如下：

1. 對於顧客，在適宜時期內供給所需最佳製品或服務的數量。
2. 將能供給最佳服務的存貨量維持於最少。

3. 確保最低的製造成本。

4. 賦予有均衡的作業負擔。

　　一般說來，狹義的生產管理是起源於生產計劃。生產計劃是有關生產的實施計劃，並以銷售計劃為基礎。即銷售計劃，首先以決定製品的品質、數量、時期、價格等為前提，編訂實施生產的計劃，而所訂實施生產的計劃，如製品的生產或服務的供給必須合乎公眾的需要，否則將失去社會意義。因此生產職能必須由銷售引導與制約，即忽略了銷售的生產，便缺乏其意義與目的。所以生產管理時常與銷售管理於相互關聯之下有所配合，而予以執行。換言之，生產計劃必須合理地予以編訂，以便能實現銷售計劃。當然，由於製品的改良，新開發的用途，或新製品的實用化等，在生產計劃中的變更對於銷售計劃亦有所影響，而這些製品的改良或新製品的實用化等係屬於生產計劃。因此，生產管理起發自生產計劃，而終止於製品的包裝或進倉，其後屬於銷售管理。

　　在習慣上，一般所說的，生產管理是指製造管理，亦即狹義的生產管理而言。因此，生產管理檢核亦是就狹義的生產管理加以檢討與查核。此種基於管理的立場檢討與查核生產管理實施的方法、程序、範圍及其效果等問題，謂之為生產管理檢核。

三、生產管理的基本問題

　　由於企業性格各自有異，當然製品的生產方式亦有不同，因此生產管理的基本問題及其應注意的重點也有差別。一般的說，對於生產管理有決定性影響的因素，不在於製品種類，而是在於製造程

序。因此,生產管理的問題,必須隨著製造程序的不同,分別予以考慮。

就生產方式而分,有採取生產、裝配生產、一貫生產。僅分別加以研究如下:

⑴採取生產:即採取天然供給物或主要依靠天然生產力養殖者,如礦業、農林漁業、採油業等。此種生產管理上的共同重點,在於運輸輸送。

⑵裝配生產:由生產各種零件再進而裝配成製成品的生產方式。即每一工程都是由零件的製造,經過零件裝配,進至總裝配而成製成品。因此,生產管理的重點在各零件完成時期的相互配合,如車輛工業。

⑶一貫生產:由原料至製品的製造工程,是經由一貫的連續程序而實施的生產方式。此種生產管理的重點,在於維持管理一貫製造程序中的各工程階段的品質及數量,如化學工業。

以上三種生產方式中以第三種裝配生產方式最為複雜,因此,生產管理上的問題研究大部份以該種生產方式為主要對象。而裝配生產方式從生產管理的觀點上加以研究又可分為連續製造程序、間斷製造程序及個別生產等。僅分別研究如下:

1. 連續製造程序

即同一或類似的製品,經長時間被專門且連續地多量生產。例如在品質與形式有標準化的砂糖、麵粉、電燈泡等的生產。通常以不特定顧客為對象,預測市場的需要,而實施少品種多數量的連續生產,這種製造程序可分為由同一原料生產多種連續產品的綜合連續程序與多數零件裝配為一完成品的化分連續程序,前者,例如化

學工業；後者，例如機械工業。此種製造方式是最能發揮自動生產的效果，其主要特色有：

⑴能將零件及作業標準化。

⑵能使用專業機器並易於自動化。

⑶能按照製造程序排列機器。

⑷無需設立存放裝配零件的倉庫。

⑸能徹底使搬運機械化，亦能縮短搬運距離。

⑹一旦製品的種類被決定，又機械及工程的程序被設計後，就能繼續使用這些機械。

2.間斷製造程序

此種製造程序是一連貫地並大量地生產同一種類的製品，但在短期間內終結。另一方面此種程序時常製造些在結構上、品質上、大小等多少有差異的類似製品。例如印刷、罐頭等之生產。這種製造程序有如下的若干特色：

⑴在某些程度下能使用專業化機械，除了有時介入特殊加工工程外，大體上都能依照工程依次序排列。

⑵每逢變更製品種類，無需重新調整，即不需重新調整設計、機械以及工程的程序。

⑶由於製品種類的不同所引起的加工工程的變化，搬運路徑亦隨之複雜。

⑷在某種程度下，零件或作業會增加種類。

⑸在製品種類愈有變化、材料、零件的種類及原料、半製品的存貨量愈多時，須在現場設有半製品倉庫。

3. 個別生產

這種生產方式大體上是隨顧客的訂製,從多樣的製品中,僅製造一單位或少數單位。如輪船、重發電機等生產。此種生產方式有如下特色:

⑴僅能使用普通的機械,致自動化極受限制。

⑵大部份的機械須按其種類配置,而招致加工品的搬運趨於復雜,並且增加搬運距離。因此,搬運之機械化受了限制。

⑶每逢變更製品,必須變更設計、機械、以及工程的程序。

⑷隨著零件作業種類之增加,其標準化須費去多量的勞力與繁雜的手續,致使標準化的推行受阻。

⑸由於原料、零件或半製品種類的增加,需有鉅額的週轉資金。此種方式在裝配生產中最為不利,因此有需致力於多量的生產方式中按生產方式綜合觀之,生產管理的基本問題大約可分為下列幾項:

①工程管理問題。

②作業管理問題

③作業環境管理問題。

④設備與工具管理問題

⑤搬運管理問題。

⑥動力管理問題。

⑦材料採購及倉庫管理問題。

⑧包裝設計與技術管理問題。

⑨檢查與品質管理問題。

⑩託外加工管理問題。

　　上述各問題之中，以工程管理問題對生產事業的影響最大，亦是最不易解決的問題。

　　工程管理有先天性的困難及後天性的缺陷問題。所謂先天性的困難，即是隨著企業的性格及生產形態而先天具有的困難。如有下表所列情況的工廠，即有先天性的工程管理困難的傾向。

容易→工程管理→困難	
多量生產(少品種)→	
少量生產(多品種)→	
連續生產→閑斷生產→	
個別生產→單一型生產→	
集合型生產→	
生產期間	短→長
交貨期	長→短
裝配零件數量	少→多
標準零件數星	多→少
作業的分散程度	狹→廣
工程的錯綜程度	單純→複雜
品質的安定程度	高→低
設計變更	少→多
操作方式的變化	少→多

　　所謂後天性的缺陷問題，就是由於管理未具健全所致者。從生產實績觀察，如有下列現象者，即表示工程管理方面有後天性的缺陷問題。

⑴交貨期時常延誤,不能確定確實的交貨期。

⑵在製品數量太多,運用資金不夠,影響採購資金的不足。

⑶作業員及機械設備,有閒置待工,運用率低的情形者。

⑷生產曲線至月末始極端增加者,往往使每月的生產目標不易達成。

⑸工作進行不圓滑,臨時加入及緊急的工作項目甚多,常常有不合理的加班情形者。

⑹原物料或成品被偷或遺失,其數量有短缺,不良品多及和用率低的情形者。

⑺現場的技術人員及工頭,經常為工作的進行及材料的彙集而忙,致無時間及精神去作其他管理的工作。

導致上述後天性的工程管理缺陷問題及工程混亂的現象,除了生產部門本身內部的原因外,尚有外在因素的影響。因此,應該好好的追究其根本的原因,並藉以尋求適當的對策。僅將內外因素研究如下:

(1)生產部門內部的原因

①幕僚人員的能力不夠,而由現場人員負責全部計劃、生產及各種管理的工作。

②幕僚人員與現場的監督人員不合協或連絡不完備。

③計劃或準備工作延遲,及計劃內容不完備。

④現場工作量或能力不合實際而有浪費情形者,或勉強加入生產導致在製品的增加。

⑤自作零件或託外加工品時常變換。

⑥由於報告制度不完備,致中央管理處無法掌握現場之情況。

⑦現場管理，諸如設備、工具、運搬等的不完備，以致運轉率低，待工多。

⑧請假者多，而預備員少。

⑨現場監督人員管理能力不足，致部屬放任。

(2)營業部門經營不善(銷售方法不完備及能力薄弱)

①時常變更預定的計劃。

②臨時加入的工作太多。

③製品的設計、式樣、規格於生產過程中時常加以變更。

④無法預先預洌定貨，致無法設立預計訂貨表。

⑤決定生產計劃的日期遲延。

⑥交貨期不合理，短時間的訂貨太多。

⑦標準產品之計劃生產有其困難者。

⑧銷售人員時常干涉生產現場的作業者。

(3)採購及託外加工部門的失敗

①採購配件及材料其入庫延遲。

②必要的物品不夠，不必要的物品庫存太多。

③材料品質不良，以致加工困難。

④話外加工不良品太多，成品不良需修補者多，致生產時間延長。

(4)設計部門的遺落

①設計圖樣的時間比預計延遲，致工事著手進行緩慢。

②突然變更設計，致工事進行混亂。

③特殊材料及加工法甚多，致工事進行延遲。

④圖面及配件表不完備，致材料配件準備不齊。

⑤試作未臻完善，即開始生產者。

⑤其他外在原因

①各部門間的連絡不良。

②各部門相互指命，沒有組織統制。

③生產用工具、儀器之類不完備。

④檢收不完備——材料不良，修補太多，配件不足等。

⑤對延遲所採取的對策，現場不予採用。

⑥經營方針混亂——受訂品目的內容變化多，致技術部門及製造部門的混亂。營業部門接受技術上極困難的產品，導致作業困難，交貨期延遲。同時，受訂貨契約對於規格的規定不明確，以致交貨時發生不良品的退貨或抱怨要求賠償。再者，由於不考慮生產能力，而編製過大的受訂銷售計劃，以致交貨期延遲或經常越月交貨而變成慢性化，致在製品一直增加。

以上所述諸點，皆是生產管理的基本問題，在實行內部管理檢核時應各別加以檢討與查核。

2 生產管理診斷的蒐集資料

生產活動亦不外乎由人力、物力及財力加以結合，此項結合的目的，是在於產製物品，以高品質、低價格，並於適宜的時間內為顧客提供所需數量的產品，為求達成此等目標，則生產活動本身要追求高度的效率化。因此，要採用生產管理的方法加此計酬、執行及控制。然而，在生產環境及條件不斷的變換下，所採取的各種生產管理的方法與技術，不一定尚能適當的或最佳的運用於當時的情況，因此，必須加以檢討與查核。

在實施檢核之際，所追求的目標，是在於如何增加效率，提高品質及降低成本，而此項管理檢核當然是以生產活動的要素即人力、物力及財力為其實施對象。就是要檢討此三要素是否以最佳的方式加以配合，及用於結合此等要素的方法與技術是否理想。

生產管理檢核進行的方式，通常都是要先瞭解工場的性質及目前的實績，然後就生產實態及管理狀況加以分析。其實施的步驟，亦是先從資料的收集著手，經過初步的分析後，即準備問題調查表從事實況的調查，然後根據所獲得的資料，加以深入的分析研究，以確定問題所在，或應改正或調整的地方，擬訂改善方案。以下將分別加以研究。

在從事生產管理檢核任務時，其主辦單位平時對於有關生產管

理的資料應加以蒐集。其中包括非數量資料及數量資料。

1. 非數量資料

⑴生產形態：計劃生產或受訂生產，多種少量生產或少種多量生產。

⑵生產品種：標準規格品或特殊規格品，月平均生產品種與生產量。

⑶工廠配置圖：包括

①基地及建築物面積。

②各組織單位的位置。

③各種設施的名稱、寬度容量及主要用途。

⑷工廠生產關係組織及人數。

⑸生產程序圖及人數。

⑹工廠內的從業人員。

①職員及工員：男女人數，平均年齡，年資及薪資。

②參與生產的主要負責人員：職稱、年齡、最高學歷、經歷及生產管理研習實績。

⑺各項主要設備內容。

①現有：設猜名稱、台數、產能、可使用年數及已使用年數。

②計劃：設備名稱、台數、產能、預計效果、預算、預計設置的時間。

③動力：平均每月約定供電量、使用量及電費。平均每月蒸氣使用量、燃料使用星及燃料費。

⑻材料及產品：

①主要產品：

‧名稱。

‧每月平均生產數量與金額。

‧平均每月生產能力。

‧每單位平均生產期間。

②主要材料：

‧名稱。

‧每月耗用量。

‧購入所需時間（平均一次購入量）。

‧平均存量。

‧材料來源。

‧每月耗用額。

③主要託外加工品：

‧名稱。

‧內容。

‧利用率。

‧平均入庫時間。

‧加工廠名稱。

‧月平均金額。

2.數量資料

⑴月別、產品別的生產數量與金額。

⑵部門別員工人數及其薪資總額。

⑶月別、部門別的生產數量與金額。

⑷每部機器運轉時間及生產量值。

⑸原料耗用置、耗損及廢品數量。

⑹月別資產負債表、損益表及各科目明細表。

根據有關生產的各項資料可從事下列各項目的初步分析,並與有關資料比較以觀察生產實績的良否及其全貌。

⑴材料管理:

①材料週轉率。

②材料存量對流動資產比率。

③材料耗損率。

由此分析,可知材料存量及耗損狀況之適當與否。

⑵作業管理:

①從業員每人生產額(年、月、日、時)。

②從業員每人生產量(年、月、日、時)。

③機器每台生產額(年、月、日、時)。

④機器每台生產量(年、月、日、時)。

⑤工廠每坪生產額(年、月、日、時)。

⑥工廠每坪生產量(年、月、日、時)。

由此分析,可知作業效率適當與否。

⑶工程管理:

①休閑時間率。

②機器運轉時間率。

③搬運設備開動率。

由此分析,可知作業進行狀況。

⑷產品管理:

①不合格品或損壞品對成品比率。

②產品盤存耗損率;

③產品週轉率。

④產品存量對流動資產比率。

由此分析，可知產品檢驗、保管效率、存量控制的情況及其適當與否。

⑤資產管理：

①設備資產週轉率。　②設備資產折舊費率。

③設備開動率。　④設備故障率。

⑤折舊費對人件費比率。　⑥對人件費節省額。

⑦工具庫存耗損率。　⑧工具週轉率。

⑨工具折舊率。

由此分析，可知生產設備利用效率，作業機械化及工具整備狀況的適當與否。

⑹成本當理：

①可控制與不可控制管理費用的區分與比較。

②固定費與變動費的分析。

③各項原料費對製造成本比率。

④各項人件費對製造成本比率。

⑤各員製造費用對製造成本比率。

⑥各部製造費用對製造成本比率。

⑦製造成本的構成。

由此分析，可藉成本以判斷生產效率。

3 生產管理診斷的實況調查

在從事生產管理檢核的實況調查時，應先巡視工場一週，然後確定大略的調查方針進行重點調查。

1. 有關人員、機械設備及建築物

為就有關工場的生產能力加以檢討，須調查現有的作業人員、機械設備、建築物等資料並與作案分析的結果相對照，以檢討其適當與否。此等資料如平時已有蒐集，則可以之與實際相驗證。

(1)作業者

首先將作業者，依組別、工作類別、技術、級別等加以分類，以明其構成。檢討各部門別或各工程別人員的作業能力是否與作業量平衡，並檢討其質的構成是否適合作案內容(難易程度)，由此，可調查有關工作單位別(工作別)的人員分配是否適當，以及有無過不足的狀態。

(2)機械設備

研究主要機械設備的台數及性能，並首先檢討各工程別機械能力與作業量的均衡程度，或機械的性能精度與作業內容的適合狀態，研究有關能力不足的工程與能力過剩的工程的相互調整方法。

(3)建築物佔地面積與配置問題

首先研究各項建築物及設備建坪等，檢討其是否適合於使用目

的。有關建築物的檢討問題為：作案面積是否充分；採光照明、通風、暖氣等設施是否適當，構造樣式有無欠妥之處，設備中最重要者為帶動裝置或搬運設施。

2. 關於設計方面

工廠設計生產其獨特產品時，對這方面就有研究的必要。由於設計的改善，人工與材料方面皆可大大地誠少，這就生產合理化的基本方策來說是不可或缺的。

3. 關於生產計劃

為使日常的生產活動有效率的運行，首先要立緻密的生產計劃。一般的企業對於這一點往往予以忽略，而且生產預計表也欠完整。因之，這問題特別重要。

首先，就工廠來說，生產計劃應從基本方針的決定而出發，因此，要檢討其與立案過程、銷售計劃、資金計劃是否適當的調整。

其次，就技術方面應檢討下列事項，諸如作為計劃基準的進度計劃(工程順序或標準時間的決定)是否行之適當，研究依據工數計算、人員與機器能力有無不足現象，是否曾研討對策？此外，材料採購計劃或託外加工計劃是否對應生產計劃加以適當訂定，也是一併應加調查檢討的事項。

4. 關於工程管理

工程管理適當典否，對生產有重大的影響。尤其是在品種少而產量多的工廠裏，其所產生的差異較大，故要將之當作重點，特別加以檢討。

首先，要作成調查明細表，檢討對於各生產單位有無何種指示。其次，檢討作業進度或在製品的管理情形，進而要調查生產實

續的記錄與利用方法，此外還得檢討生產單位及其負責的主管。最後要調查管理上所使用的作業傳票、帳冊、進度表等格式及其運用方法。

5.關於作業管理

其次，應就各工作單位的作業管理方法加以調查，因為有些工廠往往將作業一任作業員去作，或仍依傳統方法，用無效率的方法為之。因此，在這方面應行檢討的問題相當多。

首先，應檢討的問題為作業標準是否確立，而作業標準的確立以援用作業研究結果為佳。其次，檢討作業指導方法的適當與否，並指摘藝徒制度養成方法的不當處。再次，就作業改善的一般方法來說，則要檢討現行方式是否適當，此可援用作業分析的結果，可使改善的意義明瞭化。最後，要檢討工廠內的整理整頓或作業環境的整齊完備問題。

6.關於檢查及品質管理

有些企業，往往因為有一種傾向，不願設置間接人員，因此，就有許多地方，沒有能夠設置專門人員，以實施嚴格的檢查，此時可藉不良率或利用率的調查，或調查因材料不良，部份品不良，所增加的作業時數，使得因檢查的不完備所遭受的損害程度得以明白顯露。由此，證明檢查的必要性，而加重其對檢查的認識。

7.關於機器工具的管理

雖然在短時間的調查裏，要進行到這方面的調查有其困難。然而，以機器為主的工廠或在這方面的管理認為不上軌道的工廠，對這問題有特別提出研討的必要。

首先，藉現場調查，把握有關現有機器或工具管理狀態之不完

備，其次調查其管理施行到何種程度，從而檢討應以何種方式從事管理。

8. 關於作業環境

有關週圍環境問題的檢討，包含搬運等問題。因為由於配置的不得當或搬運管理方面(搬運工具及路面)的不完備所招致作業效率的低下，往往極易為吾人所忽略。因此，對這一點有加以檢討的必要。

9. 關於材料管理

所謂材料是包括材料、部份品的採購、委託加工以及對此等事項的保管等一切管理問題。由於材料管理，因工廠的不同而其重點互異，因之須針對實情而著手。

例如，單純的衛星加工廠，其主要材料全部由母工廠供給時，當然就不產生採購方面的管理問題。反之，如果全由自己籌措，或材料費在成本構成比率中所佔比率甚高時，採購方面的管理自有其重要性。其在託外加工時情形亦同。當託外加工費在成本中所佔比率高，而且將重要部份品或作業程序提出加工時，也有必要將此問題提出討論。此外，在受訂生產的工廠，其材料庫存量較少時，其倉庫管理雖沒有特別重要，然而，在大量生產或預計生產，其材料或物料的存量較多時，這種材料臂理問題當然就有檢討的必要。

10. 關於採購管理

首先要注意的問題是採購單位的組織，亦即，它是屬於那一部門，是屬於生產部門，或者作為營業部門而統屬於銷貨部門或屬於一般行政事務部門。不論如何，它可因採購對象，或採購方法性質，以及交易關係的性質或公司的歷史及幹部的人群關係而產生不同

的結果。因之，輕率地下判斷是極其危險的。

其次，檢討有關採購計劃的訂立方式與預算問題，此外，是依據何種基準來決定採購時期、對象或客戶。再者，是有關揉購價格或支付方法的適當與否，也有加以檢討的必要，而支付方法與資金調度有關，由於支付方法的不同，對於採購物品的價格或品質有重大的影響，因此，必須加以檢討。

11.關於託外加工管理

有些企業往往有物品託外加工，而產生託外加工管理的問題，因而有必要加以檢討。首先應就託外加工利用的基本方針，請教經營者的見解如何，然後進入個別問題的研究。首先檢討託外加工的選定是否以科學方法為之。其次，研究檢查或技術的指導問題。進一步為了確保交貨期限檢討託外加工作業的工程管理方法或支付方法是否適當。

12.關於倉庫管理

大多數的企業經營者，往往輕視倉庫管理問題，而且因為將全部資金投入機器設備等直接生產部門，因此，也就無餘力來對這方面加以充實。因之，當檢核之際，有必要使其明瞭因為倉庫管理的不完備，招致多大的損失，以認識倉庫管理的重要性。例如，因為保管方法或事務處理的不完備而發生遺失，或因保管場所不良而發生損壞或變質的狀況，其次目標移轉至細部管理方式的檢討，並研究入庫檢查保管及有關領料方法等。

關於實地盤點，往往也未充分實施。因此，也要令其明瞭這是倉庫管理的基本事項。

生產管理檢核問題調查表

一、生產計劃

1. 由誰制訂？是否由長期計劃至短期計劃有階段地進行？（確定至那個月份？）

2. 工程順序及作業方法是否有指示？

3. 標準時間或標準作業量是否設定？

4. 是否把握所擔當的工作量？

5. 基準日程是否決定？

6. 緩急順序是否決定？

7. 標準批數是否決定？

8. 是否計算各單位別、工程別的工數而立計劃？工數的餘絀，包括人員及機器等，其處理對策適當否？

9. 月別計劃是否確立？有無至月末緊迫時再決定或預定頻頻變更？

10. 計劃制訂上必要的基礎資料是否收集整理完備？（作業時間、開動率等）

11. 計劃制訂的手續方式是否適當？

12. 各部門有關人員，對於制訂計劃的參加程度如何？（生產會議的營運狀況）

13. 與銷售計劃的協調是否適當？（有無因計劃的受訂，使生產計劃為之崩潰？受訂生產的不穩定是否以預計生產加以調整？）

14. 生產計劃有無預算（資金計劃）的支持？（有無因支付方面的問題而擾亂採購計劃？）

15. 生產計劃與託外加工計劃的調整方法適當否？（有無本廠尚有餘力，而

仍託外加工者？有無因託外加工品交運遲延而影響生產日程的情形？）

16.對於生產計劃，其設計或託外加工的日程是否考慮週到？

17.新產品的計劃或擴充計劃是否適當？（建築物、機械設備等的整頓計劃，工數計劃與人員計劃，工數減低的調整，材料準備等）

18.是否依據順序計劃，來指定加工工程的順序方法或標準時間（其是否明記於作業傳票上？）

19.先後順序的決定方法是否適當？（是否考慮到工程間的餘裕或裝配順序作業批數等）

20.生產預計表是否指示至各細部？（區分為單位別、組別、日別或產品別、配件別、工程別等）

二、工程管理

1.是否指示產品別或工程別生產預定計劃？

2.預定計劃通知至何範圍？

3.是否依據進度表把握預計與實績？

4.作業傳票是否有效活用？

5.成品的授受與在製品的保管如何行之？

6.每天生產的數量及時間是否加以記錄？

7.現時的作業組織或各單位的組織（構成）是否適當？（有無流程作業化的餘地？）

8.有無工程管理上必要的會議或洽商？

9.使用表報的格式如何？

10.設計、執行、評核的順序是否遵行？

11.工程管理計劃與實施的機能是否各不相同？人員是否專門化？

12.工程管理的計劃是否頗具權威地選定人選？在理論與實際方面是否都能令人滿意？

13.工程計劃是否依據各種工程分析的結果？

14.產品分析、零件分析、流程分析、經路分析、餘力分析、日程分析、品質分析、搬運分析、停滯分析等是否依需要分別加以辦理？

15.分批生產時，每批大小如何，是否考慮經濟量？

16.生產工程上的障礙或困難(或改善之重點)何在？

17.就生產管理全盤看來，重點在那一方面？(缺點在何處？)

18.是否依攜工程順序的變更，工程的合併，不用工程的廢止等而籌謀作業的簡化。

19.是否可藉設計的變更，或加工方法的變更而節省材料費或減少工時？

20.工程別的能力是否取得均衡？

21.對有困難的工程其對策如何？是否理想？

22.分業的方法或個人別的分配方法是否適當？

23.流程作業是否適當的加以維持？(材料、配件是否供給順利？與其他工程或單位的關連性有無問題？在製品的計劃是否適當？生產量的調查方法適當否？)

24.單位別、工程別的配置是否適當？

25.機械的配置方法或材料，半成品的保管方法是否適當？

26.在作業中材料或加工品的放置場所(位置容器等)適當否？

27.現在的搬運方法(以何種工具搬運)及搬運制度(由誰搬運)適當否？

28.路面的鋪設狀態適當否？廠內是否確保一定的通路？

29.從作業環境看來，有無不適當的地方？

30. 現在的生產遠度有無過於緩慢？

31. 在製品的數量有無過多？（停滯日數有無過長）

32. 現在的作業批數（製作單位數）適當否？（依何基準而定？）

三、作業管理

1. 作業標準化的程度如何？

2. 作業標準化的徹底程度如何？

3. 作業者指導的方法及程度如何？

4. 作業改善行之如何？（其實績如何？）

5. 對於動作經濟的認識程度如何？有無動作意識？

6. 裝配時，手的運動是否有同時對稱而反向的動作或雙手同時休息？

7. 是否隨時儘可能利用物體的運動量？

8. 是否由不規則的鋸齒形運動或直線運動，儘可能用連續的曲線運動？

9. 動作是否有節奏使工作動作圓滑自然？

10. 工具材料，各種設備是否直接設置於工人面前？

11. 是否利用物體墜力以供給材料或配件？

12. 加工後的成品是否利用自身墜力落入盛器？

13. 工作台或坐椅的高度是否努力下工夫使工人工作姿勢良好？

14. 是否利用各種附件或利用足部工作，以節省手的工作？

15. 兩種以上的工具是否儘量合併之？

16. 為使工人兩手運動，有否考慮正常作業面積或最大作業面積？

17. 是否使材料或配件不由下往上搬而使其從上往下或作水平移動？

18. 對搬運管理的認識程度如何？搬運原則是否確實遵守？

19. 搬運道路是否管理完備？路線是否平坦而無凹凸？有無障礙物？

20. 以人力或機器搬運？以人力的話是直接人工抑為搬運工？

21. 運輸工具適當否？有無改善餘地？

22. 材料搬運是否研究減少搬運次數？

四、品質管理

1. 負責品質管理人員所佔的地位與責任，權限程度如何？

2. 使用何種品質管理方法？

3. 品質管理教育及其成果如何？

4. 產品規格式樣及其他條件的標準規定整備狀況如何？

5. 不良品統計包含整修品、不合格品等資料是否加以整理？

6. 利用率如何？有無提高對策？

7. 對於品質管理的重要性其認識程度如何？有否考慮減低不良率的方法？

8. 關於檢查，其檢查測定器具是否充分？精度是否已加以校正？

9. 購入材料與配件的驗收是否充分行之？

10. 是否實行以統計方法作品質管理？實行之前，有何改善事項？

五、設備管理

1. 有無負責管理人員？

2. 其保全狀態實行到何種程度？

3. 是否實施定期檢查？

4. 工具管理如何行之？

5. 檢查工具精度的維持如何行之？

6. 機械基礎、支架的設計、採購、製作如何行之？

7. 支架工具的保管方法是否適當？有無負責人？

8. 機器設備的安裝排列是作業型、工程型、混合型、不規則型配置中的那

一種？這對工作是否合適？

9.機器設備的配置是否從搬運或機器產能的增減或搬運轉率等加以檢討？

10.機械動力的轉動方法為單一馬達運轉或多數馬達轉動運轉或為齒輪箱馬達運轉，其方法適當否？

11.馬達的位置適當否？機械動力轉動軸有無弩曲現象？

12.主軸典被帶動機器定位置是否適當？

13.機器設備是否近代化？是否還使用性能差的老機器？

14.機器設備的保養是否適當？

15.是否有機器設備帳，每當修理或檢查時是否加以正確記錄？

16.對於工人是否從事機器保養的教育？

17.機器設備的修繕是否經常行之週到？轉盤的磨盤是否積滿塵埃，穿孔機的盤面是否傷痕累累？

18.機器設備的負責管理表是否決定，是否明示之？

19.對於礦器設備是否採用色彩管理？

20.對一時閑置的機器是否充分修繕保存，以便再使用時較為方便？

21.工具的消耗量適當否？較之人件費如何？

22.工具的種類或性質形狀對於工作是否適當？

23.工具出借方法，是以借據、傳票制、標籤制或臨時寄存單制？如採用臨時寄存單制時，是採單一制或複制？

24.工具的研磨是否用集中研磨方式？或任由現場自由研磨方式？

六、動力管理

1.電力是否有效使用？

2.對電力合理化是否深具信心？

3.有無負責動力管理的人員？

4.有無電力使用狀況的統計？對於用電的節省有無採取適當的對策？

5.馬達容量適當否？接合方式是否良好？接觸時是否會有發熱的現象？

6.動力輸送帶是否光滑，有否起波浪形而凹凸不平，或過份伸脹？

7.動力轉動軸有無彎曲，有無與連結器接觸，有無多餘的贅物？

8.加油方法適當否？油質與油量適當否？

9.全部照明與局部照明良好嗎？能否將白色燈泡改換為螢光燈？

10.煤炭或焦炭等的燃燒方法，速度等是否適當？

11.能否將煤炭或焦炭等改換為重油？

12.關於節約用水的認識程度如何？水管及水籠頭是否漏水？

七、作業環境

1.工廠廠址的條件適當否？

2.工廠分佈是集中式、分散式、併排式、相對式、中心輻輳式的那一種？再者其與產品種類等是否適當？

3.工廠的建築是否依據各種法規而嚴格遵行？

4.工廠建築樣式及種類與生產量質是否適當？

5.廠房建築方向或間隔是否適當？是否順風向？其間隔是否會妨礙搬運與採光

6.廠房屋頂構造、地板、牆壁、窗戶、出入口、大門、樓梯等是否適當？

7.工廠的地板面積，對於人或設備、製品等是否適當？

8.工場的地面是否鋪設水泥地或木材地板等，機器前面是否有足夠立足的位置？

9.整理整頓實行至何種程度？

10. 路是否整頓完備？

11. 有無管理人員？

12. 災害率如何？有無立安全對策？

八、材料採購管理

1. 材料計劃是否與生產計劃配合？

2. 是否制定材料採購管制規定，其內容適當否？是否切實遵行？

3. 對於購買市場，是否充分加以調查，並於多項條件下以最佳的方案從事採購？

4. 材料的採購計劃適當否？是否將生產需要量與庫存量加以調整，而無任何浪費？

5. 有兩個以上供應廠商時，是否予以比價，而發揮其競爭性？

6. 是否排除中間商而儘可能直接從製造廠商購買？

7. 是否適用大量採購原理或以現金購入傅便廉價購買？

8. 加工(在製)量及其統制如何行之？

9. 材料的請購及收料入庫如何行之？

10. 材料的保管管理是否行之適切？

11. 是否舉辦採購管理方法的研究？

九、材料倉庫管理

1. 材料的區分是否適當予以標準化，依種類別以提高保管上的效率？

2. 材料的驗收、入庫及出庫，是否以秤量計重，或以其他正確方法及度量衡器行之？

3. 材料倉庫的整理整頓，是否良好？空間是否有效利用？為達此目的，其設備完備否？

4.材料庫存管理的出庫入庫記帳整理良好否？

5.材料庫存量的掌握是否確實？材料帳的記載，材料架庫存卡方法、領料單的方法，實地盤點等方法中，採用何種方法？

6.材料盤點是否定期確實辦理，盤點結果與帳簿記載的差異程度如何？

7.材料的保管狀況良好否？保管中有否消耗甚大者，是否充分採取必要措施？

8.在材料倉庫內，是否有庫存卡，並確實加以記裁？

9.對於火災、竊盜、耗損是否擬定預防措施？

10.是否設法適應現場的要求，並使材料週轉更加良好，尤其是有無配合生產計劃，按照製造命令分別作好出庫準備？

11.庫存品中經年累月，是否有因下列諸事而變成呆料者？

⑴因型式老或破損等，而致無出售希望者。

⑵因物理的或機能的原因，而致無法變賣者。

⑶加以局部整修或改造，而仍有出售希望者。

12.廢料出售是否依據規定的手續處理？

13.材料的庫存量適當否？是否有過剩或購儲過少的現象？有否過多與不足的不平衡現象？

14.對材料管理的週轉率是否表示極大的關心？其實績適當否？

15.標準庫存量，是否依據最大量與最少量而決定？

16.為了庫存調整，是否實行流動曲綫圖或其他圖式管理？

17.各產品的材料需要量是否精確計算出？

18.材料的損耗率良好否？是否已取得此等資料？

19.關於材料的使用，是否經常加以研究？

20.是否使用價值分析方法，購入最經濟的材料？

十、託外加工

1.對託外加工的根本方針，是漸增漸減，抑為維持現狀？

2.託外加工的利用程度如何？託外加工費佔總成本的比率如何？

3.託外加工方針，是為著母工廠生產調節，抑或為分廠制？或者是為增進附加價值或為技術依賴？

4.託外加工方針為獨佔型、開放型或為平等型？

5.託外加工方針是有計劃的，或為無計劃的？

6.各加工廠的規模如何？依工廠數以及人員加以區別則如何？

7.有否加工廠的調查表？是否作成加工廠一覽表？

8.加工廠廠址，集中性如何？或其分佈適當否？

9.專屬衛星工廠是否較其他承製廠有優待？

10.是否考慮承製工廠的專業化？

11.衛星工廠的加工管理及母工廠的生產是否密切配合？

12.衛星工廠的交貨期限管理與品質管理是否良好？

13.衛星工廠的評價價格差異作成否？是否定期審查變更價格差異？

14.是否每月取得衛星工廠的交貨成績與檢查成績？而此種資料是否分送各有關部門？

15.加工廠的評價與發包訂單是否有關？

16.是否有加工廠的選定標準？其運用適當否？

17.發包手續適當否？其估價是否採詳細估價方式？

18.衛星工廠的交貨手續及加工費請款手續是否簡化？

19.依零件種類及數量的不同，是否有標準的基準日程？

20. 加工廠的材料，是自給或由母工廠供給？

21. 從母工廠撥給材料，是為計價撥付或免費撥給？

22. 從母工廠免費供給材料時，其計算方法是否適當？

23. 從母工廠免費撥給材料時，廢料收回情形如何？

24. 單價決定方式為雙方協議或比價，或由母工廠指定，或是揉混合方式？

25. 單價的決定有無劃一性？有無強制或不一致之情形？

26. 單價是否妥當，衛星工廠會抱怨否？

27. 母工廠指定價格時，其單價的決定方式適當否？改訂時，是否與其協商？

28. 是否依衛星工廠之不同，而訂差別價格，其方法如何？

29. 是否作成衛星工廠技術指導要領，衛星工廠作業改善提案規定及衛星工廠獎勵規定等？

30. 是否實行衛星工廠經營人員的進修措施？

31. 是否設有衛星工廠對母工廠的提案制度？

32. 衛星工廠對母工廠的意見交流，抱怨處理如何？

33. 是否組成衛星聯盟組織，其與母工廠之關係是否圓滿？

34. 有無以母工廠為中心的親善性質的團體？

35. 是否施行衛星工廠間的技術公開與交流？

4 生產管理診斷的分析重點

在經過資料的蒐集及實況的調查之後，檢核人員對於工廠的實態及生產管理的狀況已有確實的瞭解後，應根據所獲得的確實資料進行分析研究，朝著生產效率高度化，物美價廉及迅速交貨的理想目標去追求目前有礙達成上遊理想目標的問題點，深入研究，以求改進。

在分析時，應就目前生產活動及生產管理狀況的實態，基於綜合的觀點，加以分析研究。同時，亦要注意相親事項的檢討，使問題點更確實化。首先，應根據數量上的資料加以分析，所謂數量上的資料諸如月別產品別的生產數量與金額，生產預計與實績比較，月別作業人員的變化，月別部門每一個人生產量的變化，月別業務種類別的託外加工金額及產品別或工程別的不良率等等。根據各種數量分析之後，可針對各種可疑的問題加以研究。諸如生產的增加率或減少率是否較人員的增減率為大，而其理由何在？又阻礙效率提高的原因何在？生產量的增加主要的原因是否依存於託外加工？產品別或部門別效率差異是否可顯見？有無因訂貨量的變化而使作業效率的變化過於激烈？等等。

在此分析研究的階段裏，所應檢討的重點，綜合歸類如下：

1. 工程分析

(1)依據工程分析表而研究

就有關主要產品或零件順著其實施工程的順序研究其作業方法，同時觀察機械的配置、作業的管理狀態及作業環境等。

(2)對作業組織面的研究

將工程分析的結果集約，計算單位別或工程別，個人別的工作星，並將其與現有能力包括人及機械好能力，相比較對照。適時也預先要就有關部門別，業務種類別或技術別（經驗年數別）的人數或機種別、性能別的機械台數加以調查研究。

(3)對配置及搬運方面的研究

繪製主要產品或配件的流程圖，研究其搬運路綫或距離，同時調查單位間、工程間均移動量及搬運方法或作業環境。

(4)對日程方面的研究

研究主要產品及配件的作業批數，在主要工程上，其在製品全盤的作業日程（工事所經歷的時間過程）的實績等。必要時，繪製基準的日程表加以研究。

2. 生產計劃

(1)就生產計劃制訂的方式而研究

研究有關生產計劃制訂的順序方法或負責制訂的人物、組織或制度手續等。

(2)就綜合計劃的內容而研究

銷售採購及資金調度等計劃，以生產計劃為中心，則其如何制訂。又此等計劃如何與生產計劃加以協調，對此等問題之各點應具體的加以研究。

(3)就細部計劃的制訂方法而研究

研究有關細部的生產計劃，即順序計劃或日程計劃、工數計劃等具體的方法及生產預計表的樣式等。

3. 生產控制

(1)就進度管理而研究

研究有關生產預定(作業命令)指示方法，作業進度的調查及紀錄方法，作業遲延的改善措施等。

(2)就餘力管理而研究

關於日常作業其工數計劃與人員或機械能力的調整，個別作業的分配方法，現有工作量的把握方法等研究。

(3)就存貨管理而研究

有關在製品的保管狀態與紀錄方法及工程間或單位間存貨的授受方法等的研究。

(4)就實績資料管理而研究

有關生產實績的資料，諸如生產數，作業時產生的不良數，材料使用量，機械運轉時間等如何作成而又如何加以利用的研究。

(5)就管理機構及制度而研究

有關工程管理業務的分擔，亦即由某人或那個部門擔任何種業務，有何機能，為業務的運行所需的事務手續與所使用的表報等的研究。

4. 作業管理

(1)就作業方法的管理而研究

首先要研究的基本問題是作業的標準化是否訂定，對於此點，除了本身的資料研究外，尚應參照前述作業分析的結果。其次，研

究作業指導或教育訓練的狀況，並指摘出例行公式的養成方法的缺陷，更進一步要研究其為促使作業改善，到底制定了那些方法？

(2)就作業環境的管理而研究

為使動作有效率，並減少疲勞，作業環境之整備實有其必要。這在工具類或材料管理搬運管理上也極為重要。因此，從這一觀點，就要研究有關現在的工作場所狀況或種種的環境條件，諸如空氣、音響、溫度、照明等。

(3)就機械及工具管理而研究

以機械為主體的工廠，這方面的管理適當與否直接影響作業效率。因此，必須對此問題提出檢討。首先根據現狀研究，以瞭解現在的機械與工具類的管理狀態上的缺點。其次，可藉現在的管理程度的研究，以檢討用何種方式從事管理為佳。

5. 檢查及品質管理

(1)就檢查的基準而研究

要研究檢查基準的制訂方法及其是否不限於最終完成品，有關中間工程配件、材料重要工程等是否也訂有基準。檢查基準是否適當，有無某些部分過嚴，某些部分過寬之情節，又有關外觀檢查等，有無為擔任檢查人員的主觀所左右等問題。

(2)就不良的發生狀態而研究

要研究就工程別分析，不良率最高的工程何在及就原因別分析發生不良的問題所在。又從品種別、作業員別、機械別、日月別、時刻別等觀點分析，研究是否出現不良率的差異而其原因何在。同時，目前的不良率有無過高亦在研究之列。

(3)就利用率而研究

要研究各材料別、產品別的利用率的標準及目前低下的原因何在。同時分析包含不良率時,其綜合利用率的程度如何,及右無提高利用率的可能。

(4)就檢查方式而研究

研究應檢查的工程與檢查項目是否選擇不良率減少及品質提高方面效果可特別顯著者加以檢查。在實行檢查時,最終檢查以外的各項檢查,是否也確實實施,而入庫檢查有無不完備之處,對於檢查不合格或須整修者,其處置是否適當,檢查用具是否加以整頓,檢查結果的記錄或不良控制是否行之適當;抽樣檢查時,其抽樣基準的訂定是否合理,為防止不良,是否已立基本對策及管理方法的運用是否適當等問題應一併加以研究。

(5)就檢查的組織而研究

要研究檢查單位的組織職掌權、權限及其機能運用情形。此外,檢查員身份的超然獨立與否;與現場人員的合作情形;檢查員的位置,場所適當否及教育指導的實施等問題亦應研究。

6.材料管理

(1)採購管理

研究的重點,在於採購部門的組織或業務的分擔、採購計劃的樣式或手續及交貨日期的指定等是否適當;採購基準及現行交易方法在品質及價格上有無問題等。

(2)託外加工管理

研究託外加工的用意,其活動與機能的運用及其管理的情形與效果。研究的重點有方針、衛星加工廠的選定及運用情況、交貨檢

查嚴格與否，品質方面的問題，交貨期間準時與否及價格或付款的方法等。

(3)倉庫管理

研究的重點有貨品的交貨手續或檢查基準、不良品的處置、保管及整理方法、庫存量控制及確賞把握、呆料、多餘或零碎材料的處理等問題。

根據上述各項資料及問題點的分析，加以細分，然後綜合研究，即可確定生產活動上對於達成生產管理的理想目標有所阻礙的問題，這些問題應予歸類並按輕重緩急加以清楚列明。然後依問題的各別情況，找尋最佳的改善方案，以簡明易解的表達方法，繕具改善建議報告，提供管理當局為改善參考。

心得欄

5 進行現場的生產分析

「改善」在中文裏有兩個意思：一是改正過失或錯誤；二是改變原有情況使其比較好一些。

當我們把改善與企業聯繫在一起的時候，它就變成了一種企業經營管理的手段。牛津英文詞典將「改善」(Kaizen)定義為：一種企業經營理念，用以持續不斷地改進工作方法和人員的效率等。而這個辭彙是來自於日語，其含義是指持續不斷地改進。

雖然改善的步伐是一小步一小步、階梯式的，但隨著時間的推進，它會帶來戲劇性的重大成果。同時，改善也是一種低風險的方式，因為在改善的過程中，如果發覺有不妥當之處，管理人員隨時都可回覆到原來的工作方法，而不需耗費大成本。

現場(Genba)指的是實際發生行動的場所，但是通常我們所指的現場，是狹義的現場，是指製造產品或提供服務的地方現場，可以簡單地說為工作場所。現場不僅是所有改善活動的場所，也是所有信息的來源地。

現場(Genba)、現物(Genbutsu)、現實(Genjitsu)，稱之為三現主義，具體是指當發生問題的時候，要親臨現場，親眼確認現物，認真探究瞭解現實，並據此提出和落實符合實際的解決辦法和措施。

綜上所述，現場改善就是對工作場所的所有要素進行改良和優化，以提高效率、品質及降低成本的活動。

1. 改善的步驟

這裏所說的改善步驟是指整個改善體系建立和推行的步驟，它就像一個金字塔。

最底層的是老闆的支援，這是最基本的東西，因為在改善的過程中可能會遇到很多阻力，有很多人不理解，所以就一定需要首先得到老闆的支援，才能放開手腳去幹。假如沒有老闆的支持，其他改善就很難開展了，甚至可以說是沒有意義了。

在得到老闆的支持以後，第一件要做的事是 5S，這是改善能繼續進行的一個基礎，5S 改善本身就是對工作環境以及人員意識的一次改善，如果一個企業連 5S 都做得很差，又何談其他改善呢？

5S 之後是工廠的改善，在這裏指的主要是作業改善，先透過簡單的方法、簡單的工具等來消除生產過程中的浪費，而不是盲目地設計工裝夾具、改造機器去追求機械化。

在工廠改善之後，是機器改善，透過設計工裝夾具、改良機器設備、推進機械化與自動化等手段來實現改善，這裏要強調的是機器改善之前，先考慮能否進行作業的改善。

最後是系統改善，這是建立在之前所進行的各種改善的基礎上，對整個改善有一個清晰的系統的認識的時候，我們才可能進行全面的系統改善，例如建立 JIT 生產模式。

2. 現場改善基本方法

這是解決問題的基本方法，也是進行現場改善的基本法則：

(1)發現問題：透過各種途徑去發現工作中、生產中存在的各種

浪費、不合理的地方；

(2)調查分析：收集與問題有關的資料，進行分析，以求找到根本原因並確定目標；

(3)改善構想：分析之後透過討論、思考等得到初步的改善對策；

(4)方案實施：將構想付諸於實踐，進行實際操作；

(5)結果回饋：方案實施後確認效果，進行評價，判斷是否達到預期目標；

(6)標準化：建立標準，維持改善成果，將其納入日常管理。

3.現場分析的六個方面

(1)流程分析

分析那些技術流程不合理，那些地方出現了倒流，那些工序可以簡化和取消，那些工序必須加強控制，那些需要加強橫向聯繫等。技術流程和工作流程好比是企業的經脈，凡是有問題的地方，往往會出現不通、不快、不力、不暢、不細、不和的局面，所以首先要從總體脈絡上來調整和優化。

(2)環境改進

改進生產、工作環境就是指在滿足生產、工作需要的同時，為了更好地滿足人的生理需要而提出改進意見。

平面佈置和設備擺放很重要，直接影響到生產效率。有些企業的環境只能滿足生產的需要，而不能滿足人的生理需要。雜訊、灰塵、有害氣體、易燃易爆品、安全隱患等所有這些不利於人的生理、心理因素都應該加以改善。讓員工在一個整潔、舒暢的環境中工作，這是以人為本的體現。

(3)合理佈局

技術流程圖上看不出產品和工件實際走過的路線，只有登高俯瞰，也就是從公司技術平面佈置圖上去分析，才能判斷工廠的平面佈置和設備、設施的配置是否合理，有無重覆和過長的生產路線，是否符合技術流程的要求。所以，我們應該換一種眼光看公司，俯視全貌，找出問題來加以解決。

(4)確定合理方法

在作業現場，似乎每個人都在幹活。但是，有人幹活輕輕鬆鬆、利利索索、眼疾手快，三下五除二，兩三個動作做完一件事；有人卻是慢慢騰騰、拖拖逕逕、拖泥帶水。研究工作者的動作和工作效率，分析人與物的結合狀態，消除多餘的動作，確定合理的操作或工作方法，這是提高生產效率的又一重要利器。

(5)工位器具的作用

分析現場還缺少什麼物品和媒介物，落實補充辦法。其中重要的一項是工位器具。如果沒有這些東西，現場就會混亂不堪。

什麼是工位器具呢？看看我們日常生活中的「蛋托」就知道了，它設計得非常巧妙，雞蛋這樣的易碎物品，有了它的保護就可安全無虞，而且便於計數和搬運，這就是工位器具的三大功能。設計工位器具是一門學問，要動腦筋。工位器具主要有五個功能：保護產品或工件不受磕碰或劃傷，便於記數、儲存、搬運，有利於安全生產，使現場整潔，提高運送效率和改善勞動條件。

(6)生產時間的分析

時間就是金錢，有效組織時間是生產順利進行的必要條件。生產過程中的時間包括作業時間、多餘時間和無效時間，如表所示。

表 5-1　生產組織時間表

產品的生產週期	作業時間	A	包括各種技術工序、檢驗工序、運輸工序所花費的時間和必要的停放等時間，如自然過程時間
	多餘時間	B	由於產品設計、技術規程、品質標準等不當所增加的多餘作業時間
		C	由於採用低效率的製造技術、操作方法所增加的多餘作業時間
	無效時間	D	由於管理不善所造成的無效時間，如停工待料、設備事故、人員窩工等
		E	由於操作人員的責任造成的無效時間，如缺勤、出廢品等

①作業時間。包括各種技術加工的工序、檢驗工序、運輸工序所花費的時間以及必要的停放時間和等待時間，還包括鑄造的自然時效(指為了消除鑄造應力而放置的時間)，這些都是合理的、必須要用的時間。

②多餘時間。包括由於產品實際技術規定和品質標準不當而增加的多餘時間，這是屬於技術人員指導失誤造成的；還包括由於採用低效率的製造方法而延遲的時間。

③無效時間。包括由於管理不善造成的無效時間，例如停工待料、設備事故、人員誤工；也包括由於操作工人責任心不強、技術水準低造成的缺勤、出廢品等。

4.現場診斷的五個重點

現場診斷的重點是搬運、停放、檢驗、場所和操作者的動作分析，這五個方面構成了現場分析的主要內容。

(1)搬運

搬運這一環節至關重要，搬運時間佔整個產品加工時間的 40% ～60%，現場 85%以上的事故都是在搬運過程中發生的，搬運會使不良率增加 10%。所以改善搬運是企業重要的利潤源。壓縮搬運時間和空間，減少搬運次數，是我們研究的重要課題。

(2)停放

停放是不能產生效益的，停放的時間越長，無效工作就越長，這純粹是一種浪費。減少停放時間和地點同樣十分重要。

(3)檢驗

分析現場產品有那些品質問題，問題發生的地點、場所、時間、控制措施是否有效，產生的原因和解決對策是什麼。

(4)場所和環境分析

分析場所和環境是否既能滿足工作和生產需要，又能滿足人的生理需要，是否符合規定的環境標準。

(5)操作者的動作分析

分析操作者那些是有效動作，那些是無效動作？管理者對操作者的動作和所需時間是否對照「動作經濟原則」進行了分析研究？要減少操作者的無效動作。

6 生產現場的評價

生產現場評價是指根據生產現場診斷結果，透過設置評價標準和評價分值對生產現場現狀進行比較精確的綜合判斷。

生產現場既承擔著工廠所有產品的製造加工工作，也承擔著產品品質、技術的改善改進工作；既是工廠所有生產信息（如產品信息、品質信息、技術信息等）的銜接地，也是隱藏工廠利潤潛力的聚集地。所以，生產現場管理是工廠最基礎也是最重要的活動之一，其水準的高低直接影響著工廠產品品質水準和工廠的利益。

為了考察、掌握工廠生產現場管理的實際狀況，發現生產現場管理的優勢與不足，挖掘生產現場管理存在的潛力，為了提高工廠的生產效率、提升產品品質水準、控制生產成本，創造更大的效益，特制定本方案。

現場評價活動的具體步驟如下表所示。

表 6-1　現場評價活動時間安排表

現場評價階段	具體工作內容	具體時間安排
準備階段	1. 組建現場評價小組	
	2. 確定現場評價的要素	
	3. 制訂調研計劃	
實施階段	1. 調研生產現場的工位器具管理狀況	
	2. 調研生產現場的技術管理狀況	
	3. 調研生產現場的品質管理狀況	
	4. 調研生產現場的成本控制管理狀況	
	5. 調研生產現場的設備管理狀況	
	6. 調研生產現場的物料管理狀況	
	7. 調研生產現場的安全管理狀況	
	8. 調研生產現場的人員管理狀況	
	9. 調研生產現場的5S管理狀況	
收尾階段	1. 整理收集到的資料	
	2. 對所收集的資料進行分析	
	3. 根據以往經驗調整現場評價結果	
	4. 出具現場評價報告	

一、現場評價的執行

　　此次現場評價活動採用直接評價法與間接評價法相結合的方式進行。

(一)運用直接評價法進行評價

生產現場的技術管理、工位器具管理、品質管理、成本控制管理、設備管理、材料管理、安全管理、人員管理、5S 管理九個方面，可以採用直接評價法進行考評。這九個方面可以作為生產現場的專項管理，每個專項管理包括若干項評價的內容與要求。

採用直接評價法時，將每個專項管理的分值設為 100 分，再將分值一一分配到各項評價的內容中，具體請參考下文的生產現場評價要素列表（直接評價法）。

直接評價法不僅能直接評價出各個專項管理的優劣，還可以將這九個專項管理的分值綜合取平均分，從而可衡量出工廠在生產現場管理方面的優劣情況。

(二)運用間接評價法進行評價

間接評價法是指採用與生產現場管理有密切關係的技術指標對生產現場管理進行評價，具體指標包括品質指標、效率指標、成本指標及配套指標四個方面。間接評價方法的計算步驟如下。

1. 根據相關歷史生產資料，計算每項技術指標的評價指標的具體數值，得分即為百分數的分子值（例如：經過計算，產品品質抽檢合格率為 98%時，則這一指標的評價得分為 98 分）。

2. 將某項指標的各個評價指標的得分進行加總，並計算其算術平均值，所得分數即為某一項技術指標的參考分數。

3. 將四個方面的技術指標的平均分數進行綜合求和，得出生產現場的間接評價分數，作為評價生產現場管理的一個參考因素。

(三)劃分現場評價得分的等級

生產現場的得分等級劃分如下表所示。

表 6-2　生產現場評價得分等級列表

優秀	良好	合格	不合格
90(含)～100 分	80(含)～89 分	70(含)～79 分	70 分以下

二、直接評價法的生產現場評價

直接評價法的生產現場評價要素如下表所示。

表 6-3　生產現場評價要素列表(直接評價法)

專項管理項目	具體內容	單項總分	實際得分
技術管理	1. 嚴格按照技術文件中的規定參數執行，並做好了生產記錄	25	
	2. 嚴格執行更改了的技術流程，手續齊全	20	
	3. 各生產崗位都備有通用的生產技術流程並能夠認真執行	20	
	4. 現場所使用的技術文件或參數均經過鑑定與審批，並且是以紅頭文件的形式下發的	25	
	5. 技術文件整齊有序、沒有短缺	10	
單項得分(上述各項內容實際得分的加權得分)		100	

續表

專項管理項目	具體內容	單項總分	實際得分
工位器具管理	1. 生產現場的工位器具齊備、沒有短缺	40	
	2. 生產現場的工位器具乾淨、整齊	30	
	3. 工位器具的現場台賬賬目清晰明瞭	20	
	4. 生產現場沒有閒置的工位器具	10	
單項得分（上述各項內容實際得分的加權得分）		100	
品質管理	1. 生產現場有完備的品質保證系統	35	
	2. 每個操作點都有完備的作業標準書	25	
	3. 用於控制品質的計量器具擺放整齊、合理且精度準確	25	
	4. 生產人員瞭解每種產品的不良率要求	15	
單項得分（上述各項內容實際得分的加權得分）		100	
成本控制管理	1. 生產現場有明確的材料消耗定額和限額領用制度	35	
	2. 現場可目視的邊角料的利用程度達到最大	20	
	3. 生產現場的生產作業達到平衡狀態，無窩工、停工待料現象	30	
	4. 生產現場設置有節約能源的管理看板或標語	15	
單項得分（上述各項內容實際得分的加權得分）		100	

續表

專項管理項目	具體內容	單項總分	實際得分
設備管理	1. 每個設備前有設備資料卡與保養維修卡，且內容清晰、明瞭	20	
	2. 設備上的危險區域標有明顯的警告標誌	15	
	3. 設備的保養點檢記錄良好，無中斷現象發生	20	
	4. 所有設備的操作人員都持有由工廠技術部頒發的設備操作證，並熟練掌握相關設備的操作規則	30	
	5. 在近一年中沒有因設備操作錯誤而引起的重大事故發生	15	
單項得分（上述各項內容實際得分的加權得分）		100	
材料管理	1. 材料、物品的放置整齊，放置場所有明顯的標誌	20	
	2. 生產現場人員能夠及時掌握現場材料的存量情況	25	
	3. 生產現場的材料能夠按工廠規定的數量進行存儲	20	
	4. 生產現場的材料無老化、殘次品現象	15	
	5. 廢料堆裏沒有可以再次利用的材料	20	
單項得分（上述各項內容實際得分的加權得分）		100	

續表

專項管理項目	具體內容	單項總分	實際得分
安全管理	1. 生產現場的危險區域有明確的警告標誌或做了相應的處理	30	
	2. 生產通道、安全通道及安全出口處無物品堆積	15	
	3. 所有安全防護設施設備處於正常的工作狀態	20	
	4. 危險係數較高的設施、設備的操作人員均持有上崗證	20	
	5. 生產人員瞭解並熟記安全操作規範	15	
單項得分(上述各項內容實際得分的加權得分)		100	
人員管理	1. 生產現場人員的出勤狀況良好,出勤記錄完整	15	
	2. 生產現場人員的工作態度端正,沒有閒聊、串崗、吃零食、打瞌睡的現象發生	25	
	3. 管理人員能夠及時對技術不熟練的員工進行現場指導並做好記錄	20	
	4. 生產現場人員的現場培訓記錄完整、清晰且針對性強	20	
	5. 生產現場人員待人接物有理、有節,能夠保守工廠的機密	20	
單項得分(上述各項內容實際得分的加權得分)		100	
5S管理	1. 現場劃分了物品放置區域,且標誌使用恰當,能讓人一目了然	20	
	2. 現場物品都在指定的區域內整齊擺放	25	
	3. 生產現場的通路暢通,無其他物品堆積	15	
	4. 生產現場的所有物品都標識清晰	25	
	5. 生產現場的地面乾淨,無廢水、廢油、廢棄物	15	
單項得分(上述各項內容實際得分的加權得分)		100	

三、間接評價法的生產現場評價

間接評價法的生產現場評價要素如下表所示。

表 6-4　生產現場評價要素列表 (間接評價法)

經濟技術指標	評價指標	實際得分
品質指標	1. 產品品質抽檢合格率	
	2. 優等品及一等品的品質合格率	
	3. 產品首件檢驗合格率	
	4. 半成品的品質合格率	
單項經濟技術指標得分 (上述各個評價指標的平均得分)		
效率指標	1. 生產現場的工作生產率	
	2. 生產人員的工作生產率	
	3. 定額工時的平均完成率	
	4. 工時的利用率	
單項經濟技術指標得分 (上述各個評價指標的平均得分)		
成本指標	1. 原材料利用率	
	2. 單位產品的原材料消耗定額達成率	
	3. 單位產品的成本降低目標達成率	
	4. 可比產品的工時定額達成率	
單項經濟技術指標得分 (上述各個評價指標的平均得分)		
配套指標	1. 每日生產的產品均衡率	
	2. 生產現場的零件生產配套率	
	3. 產品的按期交貨率	
單項經濟技術指標得分 (上述各個評價指標的平均得分)		

7 生產製造管理的診斷

這是一份對生產現場可能發生的問題從各個角度著眼檢查，以便發現應當改進之處的審核作業表。要找出生產現場的問題，分別就現狀審核出其所呈現的水準，並且仔細搜尋是否隱藏著什麼樣的缺點，這樣一點一點地去追究診斷。而後將查證的結果記錄下來，如此就能夠掌握住實際的全貌。

（一）生產系統診斷調查

序號	診斷項目	診斷記錄	問題點
1	各種與產品生產有關的制度是否已建立		
2	制度的執行是否到位，那些制度執行不力、阻力來自何方		
3	相關部門協調配合程度，協調不好的原因		
4	生產部門內部的利益分配合理性、存在那些問題		
5	生產部是否開展經常的培訓來提高業務人員的業務素質，最近一年培訓多少次		
6	生產部有無自己的外協網路及延伸的深度		
7	生產部門內人員的控制方式與控制程度是否恰當		
8	生產部各層次人員素質情況		
9	生產人員的技術組成狀況，能否適應現代生產的要求		
10	生產設備配備情況，能否適應生產要求		
11	企業生產能力（年產量或產值）多大，實際生產能力完成多少		

(二)生產運作管理診斷調查

區分	調查項目	主要調查事項	記事
作業分析	1. 工程分析（主要產品）	把握改善重點	
		改善著眼點的實例	
	2. 工作研究（主要工程）	工作條件與動作改善	
		訂定標準時間（實例表示）	
	3. 工作率分析	機械工作率、把握工作效率	
		寬放率及效率標準的控制	
人員設備建築	1. 工作者（職種、技術別）	各部門各工程能力的均衡	
		技術之合適性及其訓練	
	2. 機械設備（台數、能力）	工程別能力的均衡、精確度的合適性	
		過忙或開暇分析	
		機械工作率是否合適	
	3. 工廠佈置（設備、建築）	流程圖工廠佈置是否合適	
		工作面積及工作環境是否合適	
設計	1. 設計管理	設計改善與降低成本的關係	
		生產設計之實施情形	
	2. 產品研究	提高產品品質問題	
		其他公司同類產品品質的比較	
生產計畫	1. 一般情形	由誰、以何方法立案的	
		銷售計畫及資金計費是否配合	
	2. 程序計畫	工程程序的指定問題	
		標準工作量的確定	
生產計畫	3. 日程計畫	目前負荷量的控制	
		裝配順序、寬放時間的考慮、緩急順序的決定	
	4. 工時計畫	生產預定案與工時的配合	
		工時太多或不足的對策	

續表

區分	調查項目	主要調查事項	記事
工程管理	1.生產預定表	部門別、產品別的工程進度指示	
		何範圍的人員認識此進度	
	2.進度管理完成品管理	預定的進度表與實際績效相較	
		工作單迅速確實的傳送	
		完成品的收付與保管	
	3.績效資料	每日生產量與工作時間的記錄	
		生產計畫與成本計算的利用	
	4.管理機械	計畫的統一管理	
		辦公室與現場的控制	
		舉行生產會議與工作會議	
	5.表單	所使用表單之梯式合適否	
		預定表與進度表的式樣	
		一次書寫制度	
工作管理	1.工作標準	是否訂有工作標準	
		是否清楚	
		工作條件與時間是否指示	
		工作標準的形式	
	2.工作指導	工作者的指導方法與程度	
		工作者的委任是否充分	
		品質與生產的管制	
	3.工作改善	工作簡化、對工具與設備改良	
		積極改善的實例	
		獎勵工作改善的實例	
	4.整理整頓	整理整頓是否充分	
		不良品與廢料是否散亂	

續表

區分	調查項目	主要調查事項	記事
檢查	1.檢查方法	檢查基準是否合適	
		收貨檢查與工程檢查	
		檢查者及檢查制度	
		檢查工具是否合適	
	2.不良率	檢查結果之記錄	
		不良率的工程別、原因別	
		不良品的處置及防止對策	
		現在的不良率是否太高	
	3.可用率	總體可用率	
		應付可用率提高的對策	
機械工具管理	1.機械設備管理	管理的負責人	
		預防保養	
		定期檢查的實施	
機械工具管理	2.工具管理	工具的研磨等管理	
		工具的保管是否適當	
		外借工具是否確實記錄	
	3.工具類型	設計、採購、製造的方法是否適當	
		保管方法是否適當、負責人為誰	
動力熱	1.電力	電力管理的重點	
		節省電力的對策	
	2.燃料	燃料費的比例、成本、單位消費量及管理重點	
工作環境	1.搬運管理	搬運工具的利用、通路狀態	
	2.環境條件	影響工作的條件如何	
		是否有適當的管理	
	3.安全管理	有無安全統計、安全對策	
		火災的防止是否適當	

(三)生產部經理自我檢查診斷

序號	診斷項目	診斷記錄	問題點
1	企業內主管生產的部門是那一個？職責和權限有那些		
2	生產計畫、組織和實現的相關部門有那些？有無結構圖和職能分工表		
3	企業主要生產的產品品種有那些，年更換率多大		
4	主要產品有幾種、批量有多大、年產量、產值有多大、比率是多少		
5	有無制定年度、季度、月度生產計畫，如有完成情況如何		
6	生產計畫由那個部門帶頭製作？那些部門參與？誰審批(有無製作流程)		
7	生產計畫制定的依據是什麼		
8	生產計畫的主要指標有那些、完成的如何		
9	生產作業計畫由誰編制？依據是什麼，執行如何		
10	新產品生產計畫下達後，如何進行生產準備工作		
11	生產計畫的執行，如何進行有效控制		
12	有無生產調度工作制度(調度值班制度、調度會議制度、調度報告制度)，如有執行如何		
13	生產計畫和生產作業計畫完成情況如何跟蹤反映		
14	有那些生產統計報表和分析報表(有無生產日報、月報、年報？)、是否向職工公佈		
15	有無生產技術文件和作業指導書，執行如何		
16	有無安全操作手冊和上崗證、貫徹如何		
17	生產所需的材料、零配件能否保證及時供應		

續表

序號	診斷項目	診斷記錄	問題點
18	生產所需的能源、動力能否保證		
19	生產所需用動力資源是否足夠？人員素質如何保證		
20	生產中有無出現停工待料或其異常情況，如有什麼原因		
21	生產中設備技術性能是否能保證現行生產需要		
22	生產過程中各種資訊如何收集和回饋		
23	目前生產過程中資訊的收集、處理和回饋是否能滿足生產控制的要求？有無使用電腦系統進行輔助管理		
24	有無制定各工序各種消耗（人工、材料、能源、工具）定額、定額執行如何		
25	有無制定各工序技術標準、檢驗標準、安全標準，如有執行如何		
26	有無制定生產期量標準（批量、生產週期、生產提前期、在製品定額等）執行如何		
27	有無制定設備修量時間定額		
28	生產設備有無編碼。每台設備的責任者是否明確		
29	生產設備有那些？有無設備一覽表和台賬，賬實是否相符		
30	生產設備如何管理、有無實施統一管理？那個部門負責統一管理		
31	設備購置或製造由那個部門負責？審批程度怎樣進行		
32	設備到貨如何驗收、由那些部門及人員參加		
33	設備移交或轉移有無辦理手續？有無記錄		

續表

序號	診斷項目	診斷記錄	問題點
34	設備資產管理責任制是否明確？有無資產管理責任的記錄		
35	設備技術管理由誰負責？有無設備技術資料檔案		
36	設備有無「年度檢修計畫」如何實施和控制		
37	設備日常使用維修，保養由誰負責？有無制定計劃？實施情況怎樣		
38	設備大修、檢驗有無記錄		
39	日常維修、保養有無記錄		
40	設備的健康狀況有無進行評價		
41	設備更新改造有無進行		
42	設備報廢是如何進行的，怎樣進行技術鑒定		

（四）製造管理診斷調查

項目	題目（提問點及症狀）	答題方式	給分標準	答案	
				選擇	得分
1.生產排程	1.1 生產計畫執行完成率＿＿＿＿	A.95%～100% B.90%～95% C.85%～90% D.85%以下	A=3 B=2 C=1 D=0		
	1.2 有無《生產排程管理辦法》及相關規定	A.有 B.無	A=2 B=0		
	1.3 有無執行《生產排程管理辦法》？（執行效果力度如何？）	A.未執行 B.偶爾執行 C.通常執行 D.嚴格執行	A=0 B=1 C=2 D=3		
2.生產線存貨管理	2.1 有無成立專門委員會或相關組織推行5S（標識、區域規範等）	A.有 B.無	A=2 B=0		
	2.2 物料、在製品在工廠有無按區域標識分區存放	A.有 B.大部分 C.無	A=2 B=1 C=0		
	2.3 在製品轉序有無流轉單據	A.有 B.無	A=2 B=0		
	2.4 物料領用，發放是否按生產排程執行	A.是 B.大部分是 C.不是	A=2 B=1 C=0		
	2.5 不配套積壓產品是否得到退料和及時處理	A.是 B.大部分是 C.未	A=2 B=1 C=0		
3.生產進度管制	3.1 有無《在製品、材料進銷存台賬》和《出貨進銷存台賬》	A.有 B.無	A=2 B=0		

續表

項目	題目（提問點及症狀）	答題方式	給分標準	答案	
4.生產技術管理	4.1 有無作業指導書	A.有　B.無	A＝2　B＝0	選擇	得分
	4.2 有無設備定期維護保養計畫	A.有　B.無	A＝2　B＝0		
5.設備技術管理	5.1 有無建立設備台賬？（如設備一覽表、設備履歷表等）	A.有　B.無	A＝2　B＝0		
	5.2 有無建立模具台賬	A.有　B.無	A＝2　B＝0		
	5.3 有無建立《模具領用發放管理辦法》	A.有　B.無	A＝2　B＝0		
	5.4 機器設備有無懸掛操作說明書	A.有　B.無	A＝2　B＝0		
6.多能工訓練	6.1 在重要工序或關鍵工序有無多能工訓練	A.有　B.無	A＝2　B＝0		
	6.2 在特殊工序有無多能工訓練	A.有　B.無	A＝2　B＝0		
	6.3 有無多能工訓練計畫	A.有　B.無	A＝2　B＝0		
7.生產效率	7.1 有無設備IE工程師，開展流程改造、技術改進工作	A.有　B.無	A＝2　B＝0		
	7.2 是否存在瓶頸工序和工序能力不平衡	A.有　B.無	A＝2　B＝0		
	7.3 是否有工序產能規劃或有無書面的產能定額	A.有　B.無	A＝2　B＝0		
	7.4 有無定期或不定期的生產協調會或建立生產例會制度	A.有　B.無	A＝2　B＝0		

續表

項目	題目（提問點及症狀）	答題方式	給分標準	答案	
				選擇	得分
8. 品質管制	8.1 物料過程損耗是否與個人工資掛鈎或有無落實到生產一線員工，損耗水準有無與相關企管員的收入掛鈎	A.全有 B.部分有 C.無	A=2 B=1 C=0		
	8.2 不合格品處理權責是否明確？有無形成書面制度文件	A.明確，有書面文件 B.其他	A=2 B=0		
	8.3 不合格品是否被標識、隔離或管制	A.管制 B.隔離 C.其他	A=2 B=1 C=0		
	8.4 返工、返修產品是否有相關檢驗與測試並留下記錄資料	A.有相關核對總和測試記錄 B.有測試無記錄 C.其他	A=2 B=1 C=0		
	8.5 特採品是否加以標識隔離管制	A.隔離管制 B.隔離未處理 C.其他	A=2 B=1 C=0		
9.QCC活動	9.1 針對製造過程重大品質問題或嚴重不合格項有無成立QCC活動小組，進行品質攻關	A.成立QCC小組或有專門組織去解決 B.其他	A=2 B=0		

續表

項目	題目（提問點及症狀）	答題方式	給分標準	答案 選擇	得分
10.作業管制	10.1 產品在所有階段是否均有明確標識	A.全有標識 B.部分有 C.沒有	A=2 B=1 C=0		
	10.2 特殊制程作業員是否經過資格確認	A.有資格確認 B.無資格確認	A=2 B=0		
	10.3 有無品質、產量評比及目視管理	A.有評比，有目視管理 B.有評比，無目視管理 C.全無	A=2 B=1 C=0		
	10.4 有無緊急任務通告專版（欄）	A.有 B.無	A=2 B=0		
11.生產協調	11.1 有無產能定額規劃？有無書面產能定額	A.有 B.無	A=2 B=0		
	11.2 出現異常有無生產協調調度會	A.有 B.無	A=2 B=0		
	11.3 是否制定有關物料在進料制程及成品運輸時的搬動管理程序	A.進料、制程、成品全有 B.部分有 C.全無	A=2 B=1 C=0		
	11.4 是否提供了指定的搬運工具或其他防止物料產品損傷或劣化的搬運方法和手段	A.是 B.否	A=2 B=0		
	11.5 是否有《樣品管理辦法》及《樣品編號一覽表》	A.有 B.有其中一種樣式 C.無	A=2 B=1 C=0		

續表

項目	題目（提問點及症狀）	答題方式	給分標準	答案	
				選擇	得分
12. 生產協調	12.1 有無制定材料及產品儲存管制程序，如提供安全儲存場所	A.有 B.無	A＝2 B＝0		
	12.2 是否制定物料收發管制辦法、制定各種產品之包裝保存及標記的明確規定，如先進先出、定期盤點、對賬、物料擺放存放是否井然有序等等	A.四項全有 B.僅有前3項 C.有1～2項 D.全無	A＝3 B＝2 C＝1 D＝0		
	12.3 是否制定實施書面規定及實施設備預定	A.是 B.未實施	A＝2 B＝0		
	12.4 各項統計手法「兩圖一表」或工具是否已被正確無誤使用	A.是 B.有「兩圖一表」但未正確使用 C.其他	A＝3 B＝1 C＝0		
	12.5 是否有各階段（物料、接受、制程、最終產品出貨)的檢驗與測試作業程序和標準書	A.全部有 B.有其中3個 C.其他	A＝3 B＝2 C＝0		
	12.6 待驗的物料、制程、最終產品出貨是否有明顯的標識加以識別	A.全有 B.其中2項有 C.無	A＝3 B＝2 C＝0		
	12.7 特准放行的產品是否完成特殊程序？是否有相關標識及可追溯性	A.有 B.無	A＝2 B＝0		
	12.8 進料制程及成品驗收階段有無建立抽樣方案	A.有 B.無	A＝2 B＝0		

註：生產計畫完成率=實際完成數÷計畫數×100%

說明：滿分為 100 分，其中：90～100 分為優，75～89 為良，60～74 分為中，45～59 分為差，45 分以下為較差。

（五）生產現場診斷

查核要項	現狀的水準與缺點	診斷記錄	治理方案
生產計畫方面	評定水準(A· B· C· D· E)		
生產技術方面	評定水準(A· B· C· D· E)		
機械設備方面	評定水準(A-B· C· D· E)		
生產工具方面	評定水準(A· B· C· D· E)		
品質管制方面	評定水準(A· B· C· D· E)		
降低成本方面	評定水準(A· B· C· D· E)		
工程管理方面	評定水準(A· B· C· D· E)		
資料管理方面	評定水準(A· B· C· D· E)		
外協管理方面	評定水準(A· B· C· D· E)		
作業環境方面	評定水準(A· B· C· D· E)		
安全管理方面	評定水準(A· B· C· D· E)		
作業方法方面	評定水準(A· B· C· D· E)		
技能訓練方面	評定水準(A· B· C· D· E)		
工作紀律方面	評定水準(A· B· C· D· E)		

評定水準：A=(與同業的其他廠商相比)非常優越 B=稍優越 C=普通程度
D=稍劣 E=非常拙劣

(六)制程診斷檢查

序號	診斷項目	診斷記錄	問題點
1	制程檢驗人員配備是否合理		
2	制程檢驗人員素質是否達到要求		
3	制程檢驗的力度能否達到企業預防產品出現不合格品的需要		
4	制程產品出現不合格品如何處置		
5	產品出現不合格時資訊是否得到及時傳遞		
6	生產出現不合格品的原因及責任由誰來分析確定		
7	制程中所運用的統計技術是否能滿足企業的需要		
8	制程檢驗人員與各工廠的溝通如何,是否形成產品品質是製造出來的,而不是檢驗出來的理念		
9	產品訂單的特殊要求是否能及時傳遞到制程品質組		

(七)生產作業現場巡查診斷

如果未能掌握作業現場的狀況，那就可以說是生產作業診斷的失職了，生產診斷應從各種角度來查核現場的作業狀況，不妨利用下面的查核表，一旦發現缺點(得分僅為 1 分或 2 分者)所在，必須即刻研究出對策才行。

查核項目		評分	診斷記錄
整理整頓方面	原料或零件是否擺放在標準的定點位置？		
	作業用的工具是否擺放在標準定點位置？		
	工作臺上是否整理得條理井然？		
	工作環境是否整理就緒，走道是否通暢？		
工作態度方面	工作中是否有人偷懶閒聊？		
	員工是否保持正確的作業姿勢？		
	是否按規定的服裝穿著整齊		
處理設備方面	是否按照說明正確地操作機械？		
	是否正確地使用工具？		
	機械、工具是否擺在妥當之處，易於取用？		
工程進度方面	有無停工待料的事情，全體人員是否都能夠順利地進行作業？		
	整個工程是否都按原定計劃順利地進行？		
	各個工程之間是否都能順利地銜接無礙？		
安全方面	是否正確使用保護器具或防範安全器具？		
	危險物品是否都能夠保管得非常妥當？		
	安全標誌類是否都能按照規定執行？		
（評分標準） 非常好 5分　好　4分 普通　3分　差勁 2分 甚差　1分	綜合計畫	共得　　分 　　　　　　　巡視者（　）	

(八)生產調度診斷調查

項目	題目(提問點及症狀)	答題方式	給分標準	答案	
				選擇	得分
1. 合約評審	1.1 有無每一張訂單交貨期都經過生產調度部門確認	A.有 B.無	A=3 B=0		
	1.2 有無對產品的使用要求、交貨要求等予以鑒定	A.有 B.無	A=3 B=0		
	1.3 有無制訂合約簽訂管理審查程序？有無標準合約	A. 全部有 B. 部分有 C.無	A=3 B=1 C=0		
	1.4 合約或訂單內容是否能明確產品名稱規格、交貨期等事項	A. 全部是 B. 部分是 C.否	A=3 B=2 C=0		
	1.5 針對合約或訂單的變更，修改或作廢，是否已制定完整的作業程序？① 與客戶溝通 ② 交貨期更改後協調生產 ③ 取消計畫等	A.全有 B. 部分有 C.無	A=3 B=1 C=0		
	1.6 逾期交貨是否有專人跟蹤處理	A.有 B.無	A=3 B=0		

續表

項目	題目(提問點及症狀)	答題方式	給分標準	選擇	得分
2.生產計畫	2.1 準時交貨率的完成情況	A.98%～100% B.90%～98% C.80%90% D.80%以下	A=4 B=3 C=2 D=0		
	2.2 有無書面生產計畫	A.有 B.無	A=3 B=0		
	2.3 每日的生產計畫有無經過技術、銷售、製造、品質相關部門評審確認	A.全部有 B.有供應部、製造部 C.無	A=3 B=1 C=0		
	2.4 生產計畫分解到那個級別如系列成品、半成品、零部件	A.分解到零部件 B.分解到半成品 C.無	A=3 B=2 C=0		
	2.5 有無完成率的書面統計?有無統計管理制度	A.全部有 B.有書面統計完成率 C.無	A=3 B=2 C=0		
	2.6 有無定期分析檢討有關統計資料	A.有 B.無	A=3 B=0		
	2.7 公司的生產能力是否能滿足公司銷售要求	A.基本滿足 B.有盈餘 C.不能滿足	A=3 B=1 C=0		

續表

項目	題目(提問點及症狀)	答題方式	給分標準	答案	
				選擇	得分
3. 台賬管理	3.1 對供應商的交貨及品質狀況有無書面分析報告	A.兩者都有,且有書面分析 B.兩者有無書面分析 C.有其中之一 D.無	A=3 B=2 C=1 D=0		
	3.2 有無書面統計公司的品質合格率	A.有書面 B.無	A=3 B=0		
	3.3 有無《半成品、成品、生產日報表》或《庫存日報表》	A.有 B.無	A=3 B=0		
	3.4 有無訂單台賬	A.有 B.無	A=3 B=0		
	3.5 欠料管理方式:①有書面《每日欠料跟催一覽表》②口頭催料	A.答① B.答② C.無	A=3 B=1 C=0		
	3.6 有無材料、半成品、流轉單據管理	A.有書面《管理辦法》 B.有報告,無書面 C.無	A=3 B=2 C=0		
	3.7 有無書面《常規產品BOM清單》	A.有書面的 B.有,不健全 C.無	A=3 B=2 C=0		
	3.8 有無《在製品定額明細表(含工作定額、物料損耗定額、能耗定額或工時定額)》	A.全有 B.有物料定額或工作定額 C.無	A=3 B=2 C=0		

續表

項目	題目（提問點及症狀）	答題方式	給分標準	答案	
				選擇	得分
3. 台賬管理	3.9 有無《產品生產週期一覽表》？有無修訂程序	A. 兩者都有 B. 有《產品生產週期一覽表》 C. 其他	A=3 B=2 C=0		
	3.10 有無書面《日出貨統計表》	A. 有 B. 無	A=3 B=0		
4. 交貨管理	4.1 是否存在由於缺料影響如期出貨	A. 因缺料占影響交期5%以下 B.5%～10% C.10%～20% D.20%以上	A=3 B=2 C=1 D=0		
	4.2 是否有相關部門製作的《原材料來料時間表》	A. 有 B. 無	A=3 B=0		
	4.3 是否嚴格按預定投產期投產	A.95%以上 B.90%～95% C.80%～90% D.80%以下	A=3 B=2 C=1 D=0		
	4.4 是否存在設備工裝夾具未能及時修復而不能使用，影響如期交貨	A. 不存在 B. 輕微 C. 嚴重	A=3 B=2 C=0		
5. 組織協調	5.1 企業內部相關部門有無生產調度例會制度	A. 有 B. 無	A=3 B=0		
	5.2 出現異常是否無組織召開生產協調會	A.是 B.否	A=3 B=0		

續表

項目	題目（提問點及症狀）	答題方式	給分標準	答案	
				選擇	得分
5.組織協調	5.3 有無專人負責物料統計及跟蹤工作	A.有 B.無	A＝3 B＝0		
	5.4 有無專人負責生產進度統計及跟蹤工作	A.有 B.無	A＝3 B＝0		
	5.5 有無專人負責品質異常統計及跟蹤工作	A.有 B.無	A＝3 B＝0		
	5.6 有無專人負責出貨統計及跟蹤工作	A.有 B.無	A＝3 B＝0		

說明：滿分為 100 分。其中：90～100 分為優，75～89 分為良，60～74 分為中，45～59 分為中，45 分以下為較差。

8 品質管理的診斷

(一)品質部診斷調查

序號	診斷項目	診斷方法	結果
1	查看組織的體系文件(手冊、程序文件、作業指導書等)、品質方針、品質目標的現狀,以及品質目標的分解等	查看品質部有無體系文件以及品質目標達成狀況	
2	有無對供方進行評價,有無合格供方清單	查相關程序文件及合格供方清單	
3	合格供方的評價方法是否適宜,有無定期對合格供方進行再次評價	通過交談,查看2～3種重要資料供方的評價方法及評價記錄	
4	採購材料產品有無進行檢驗或驗證	交談、現場查看	
5	採購的產品中有無採取緊急放行的情況,如有,有無可靠途徑追回(當檢驗結果出來後發現有問題時)	通過交談,並現場查看	
6	有無對產品,檢驗狀態,監視狀態進行標識	查看體系文件,並到現場查看	
7	有無制訂《可追溯性產品清單》明確追溯的具體內容,追溯的途徑等相關事宜	查看清單或產品流轉卡等相關資料	
8	有無對產品的搬運、包裝、貯存、交付和防護進行控制	通過交談,並到現場查看	
9	有無定期對檢測設備進行校準,有無檢測設備一覽表	查看體系文件,抽查2～3份檢測設備校準記錄	

續表

序號	診斷項目	診斷方法	結果
10	發現檢測設備偏離校準狀態時，有無對需重新檢測的產品範圍進行確定，並重新進行檢測	通過交談，詢問或查看相關記錄	
11	有無制定顧客滿意度調查管理辦法，並定期收集顧客資訊	通過交談或查看相關文件記錄資料等	
12	對顧客回饋的資訊，如投訴等是否進行及時處理	查看2～3份顧客投訴處理記錄	
13	有無制定《內部體系年度審核計畫》定期進行內部審核	查看2份最近的內部審核記錄	
14	對內審中發現的不合格有無以《不合格報告》的形式下發到相關部門進行整改，並對整改情況進行跟蹤監督	查看2～3份內審不合格項關閉情況	
15	有無對生產過程進行測量和監控，確認每一工序生產能力	通過交談，並對現場進行查看	
16	有無對重要的工序進行工序能力分析，統計一次生產合格率，機器設備故障，生產計畫完成率，停產時間和次數等	查看2～3份重要工序的統計記錄	
17	對過程能力不足或異常的工序有無採取相應的糾正措施，並實施和跟蹤驗定	查看2～3份異常處理記錄	
18	品質部有無編制各類檢驗指導書，明確檢驗點，檢驗頻率，抽樣方案，允收水準，檢驗項目、檢驗方法、判別依據，使用的檢測設備等內容	抽看2～3份檢驗指導書	
19	檢驗員有無按檢驗指導書的要求對最終產品進行檢驗並填寫檢驗記錄	現場查看，並抽查2～3份檢驗記錄	
20	檢驗結果的判定，有無經授權的檢驗人員的簽字或蓋章	現場抽查看2～3種產品檢驗結果證明	

續表

序號	診斷項目	診斷方法	結果
21	對於作業者自檢，顧客退回及檢驗員檢驗所發現的各類不合格品，有無進行隔離和標識	現場查看2～3種不合格品的標識和隔離情況	
22	對各類不合格品的處理方式有那些？對不合格品進行返工或返修後，有無按原檢驗規定進行重新檢驗	通過交談，並查看2～3份返工、返修後的處理過程	
23	當產品不符合規定要求，辦理讓步接收時，有無得到顧客的書面同意	查看2～3個產品讓步接收實施情況	
24	有無判定管理評審計畫，有無按計劃實施管理評審	查看最近的一次管理評審計畫及實施記錄	
25	有無對管理評審的內容進行總結，編寫《管理評審報告》，並跟蹤記錄措施的實施情況	查看《管理評審報告》，並跟蹤2～3項實施情況	
26	在下列情況下，有無採取糾正措施消除不合格的原因，防止其再次發生： (1)同一供方同一種產品連續兩批(次)嚴重不合格 (2)過程、產品、品質出現重大問題，或超出公司規定值時 (3)顧客投訴時 (4)內審、管理評審出現不合格時 (5)其他不符合方針、目標或體系文件要求的情況	通過交談，詢問並查看相關的記錄	
27	有無對糾正措施的實施情況進行跟蹤驗證，並對其有效性做出評價	查看2～3份糾正措施實施情況	
28	有無在數據分析的基礎上，識別必要的預防措施，以消除潛在的不合格品	查看2～3份預防措施實施情況	
29	品質部的組織架構	通過交談、詢問	
30	有無對品質記錄進行控制	查看2～3份記錄的傳遞、保管、歸檔工作	

(二)品質管理診斷調查

項目	題目(提問點及症狀)	答題方式	給分標準	答案	
				答題	得分
文件化	1.有無文件化的品質管理組織結構	A.有 B.無	A＝1 B＝0		
	2.有無文件化的職責權限	A.有 B.無	A＝1 B＝0		
	3.有無文件化進料檢驗標準	A.有 B.無	A＝1 B＝0		
	4.有無文件化半成品檢驗標準	A.有 B.無	A＝1 B＝0		
	5.有無文件化成品檢驗標準	A.有 B.無	A＝1 B＝0		
	6.有無文件化的抽樣標準	A.有 B.無	A＝1 B＝0		
培訓	1.質檢員上崗前有無經過必要的培訓	A.有 B.無	A＝1 B＝0		
	2.儀器檢驗員有無進行上崗前培訓	A.有 B.無	A＝1 B＝0		
	3.質控點品質管理員有無受到相關的培訓	A.有 B.無	A＝1 B＝0		
	4.內審員有無相關知識培訓	A.有 B.無	A＝1 B＝0		
	5.如何確定培訓內容	A.申請表 B.上司安排 C.根據需求規劃	A＝1 B＝0 C＝0.5		
質控點	1.除進料檢驗、半成品檢驗外有無其他質控點	A.有 B.無	A＝1 B＝0		
	2.發現不合格品或不合格事項後是否採取必要糾正措施	A.有 B.否	A＝1 B＝0		
儀器校驗	1.是否定期對檢驗儀器進行校驗	A.是 B.否	A＝1 B＝0		
QCC活動	1.內部是否定期開展QCC活動	A.是 B.否	A＝1 B＝0		

續表

項目	題目(提問點及症狀)	答題方式	給分標準	答案	
				答題	得分
供應商考核	1. 有無對供應商是否合格的考核方法	A. 有 B. 無	A=1 B=0		
	2. 有無對不合格供應商的淘汰制度	A. 有 B. 無	A=1 B=0		
進料檢驗	1. 雖經進料檢驗把關，但有無不良品入庫頻繁發生現象	A. 有 B. 無	A=1 B=0		
	2. 有無進料檢驗記錄	A. 有 B. 無	A=1 B=0		
	3. 有無定期對進料檢驗記錄進行分析	A. 有 B. 無	A=1 B=0		
過程檢驗	過程檢驗有無明確的書面依據	A. 有 B. 無	A=2 B=0		
統計技術	1. 是否在關鍵控制點處採用統計技術來控制品質的波動	A. 有 B. 無	A=2 B=0		
	2. 是採用比例抽樣還是採用GB2828抽樣標準抽樣	A. 前者 B. 後者	A=0 B=2		
品質報告品質工程	有無每月(或季度)品質報告	A. 有 B. 無	A=2 B=0		
	1. 有無品質工程圖	A. 有 B. 無	A=1 B=0		
	2. 有無品質工程師		A=2 B=0		
實驗室	有無專門的實驗室	A. 有 B. 無	A=1 B=0		
品質考核	1. 有無品質考核制度(或品質責任制度)	A. 有 B. 無	A=2 B=0		
	2. 是否將產品的漏檢率與品質檢驗員利益掛鉤	A. 是 B. 否	A=2 B=0		
售後服務	1. 有無將售後服務的品質納入品質管制的範圍	A. 有 B. 無	A=2 B=0		

續表

項目	題目(提問點及症狀)	答題方式	給分標準	答案	
				答題	得分
售後服務	2. 售後服務人員上崗之前有無經過相關的培訓	A.有 B.無	A=2 B=0		
管職職責	1. 有無制定品質方針	A.有 B.無	A=1 B=0		
	2. 品質方針怎樣貫徹到員工中去	A.宣傳 B.培訓 C.死記硬背	A=0.5 B=1 C=0		
	3. 當懷疑品質有問題時，品管員能否有權下令暫停相關工序生產	A.可以 B.不可以	A=2 B=0		
	4. 高層領導是否關注產品品質	A.是 B.有時	A=2 B=0		
品質計畫	1. 是否在接單前由相關人員評審新訂單(合約)以保證客戶要求得到滿足	A.是 B.不是	A=2 B=0		
	2. 是否評審供方滿足客戶要求的能力	A.是 B.否	A=2 B=0		
	3. 是否對關鍵工序進行識別和控制	A.是 B.否	A=2 B=0		
	4. 是否對新產品的品質保證計畫進行策劃	A.是 B.否	A=1 B=0		
可追溯性	1. 核對總和測試是否標明從原料到成品均需核對總和標識	A.是 B.否	A=2 B=0		
	2. 是否從原料直到成品的追溯性報告(或記錄)均被保留	A.是 B.否	A=2 B=0		

續表

項目	題目（提問點及症狀）	答題方式	給分標準	答案	
				答題	得分
工序控制	1.有無對短期和長期的工序能力進行研究	A.有 B.無	A=2 B=0		
	2.有無關鍵工序的控制計畫	A.有 B.無	A=2 B=0		
	3.關鍵工序的控制計畫包括那幾方面	A.關鍵品質特性 B.採樣頻率 C.所需工具	A=2 B=1 C=1		
	4.有無採用SPC圖對關鍵工序進行控制	A.有 B.無	A=2 B=0		
計量工作	1.檢驗、測量儀器是否能滿足精度需要	A.滿足 B.不能滿足	A=2 B=0		
	2.儀器校驗的記錄是否完整	A.完整 B.不完整	A=1 B=0		
	3.當測量儀器失控（或經校驗不合格時）有無採取有效措施	A.對以前的測試結果的有效性進行重新評價 B.標識、隔離	A=2 B=1		
	4.是否定期對檢驗儀器進行校驗	A.是 B.否	A=2 B=0		
糾正預防措施	1.是否對不合格品進行標識，評價和處置	A.是 B.否	A=2 B=0		
	2.是否有糾正/預防措施的實施程序	A.有 B.無	A=2 B=0		
	3.是否對糾正/預防措施的有效性進行驗證	A.是 B.否	A=2 B=0		
	4.糾正措施有無相關負責人以及完成的具體日期	A.有 B.無	A=1 B=0		

續表

項目	題目（提問點及症狀）	答題方式	給分標準	答案	
				答題	得分
搬運包裝貯存交付	1.有無搬運，包括存貯和交付的程序文件	A.有　B.無	A=1　B=0		
	2.材料在接收前是否先檢驗數量、標識以及運輸損壞情況	A.有　B.無	A=1　B=0		
	3.產品出貨前是否檢查數量、標識、包裝是否適當	A.是　B.否	A=1　B=0		
品質成本	1.有無品質成本控制計畫	A.有　B.無	A=1　B=0		
	2.是否對品質成本各組成部分進行分析和控制	A.是　B.否	A=1　B=0		
	3.有無採取措施來降低品質成本	A.有　B.無	A=1　　B=0		
	4.有無對品質成本趨勢進行分析	A.有　B.無	A=1　B=0		
持續改善	1.是否有關鍵工序流程圖並標明責任者	A.是　B.否	A=2　B=0		
	2.有無證據表明工序在成本品質上的改善	A.有　B.無	A=2　B=0		
	3.有無分析不良品原因並採取改善措施	A.有　B.無	A=2　B=0		
	4.是否對員工進行品質改善工作的培訓	A.是　B.否	A=2　B=0		
內部品質審核	1.有無年度內部品質審核計畫	A.有　B.無	A=2　B=0		
	2.有無按時進行內部品質審核評定	A.有　B.無	A=2　B=0		
	3.有無保留審核記錄	A.有　B.無	A=2　B=0		

說明：滿分為 100 分。其中：90～100 分為優，75～89 分為良，60～74 分為中，45～59 分為差，45 分以下為較差。

(三)成品診斷調查

序號	診斷項目	診斷記錄	問題點
1	合格成品是否有明確的檢驗標識		
2	成品檢驗人員素質能否達到相應的要求		
3	成品檢驗的抽樣是否合理，怎樣抽樣		
4	每一個訂單的特殊要求是否都能準確無誤地傳遞到成品質檢組		
5	成品不合格是如何處置的，由誰批准		
6	成品檢驗結果由誰批准		
7	成品是否可以特別放行，如可以特別放行應達到怎樣的程度才可特別放行，審批權限是否得到明確的規定		
8	成品的包裝是否有特殊的要求		
9	成品檢驗報告是否清晰，保存是否合理，能否通過成品檢驗報告追溯到相應的生產組、批號、日期及重要原材料等		
10	庫存積壓產品出廠前是否進行重新檢驗確認		
11	成品是否有明確的檢驗標準		
12	品質經理及成品檢驗組長是否明確瞭解不同的客戶對品質要求的寬嚴程度		

(四)品質部經理自我診斷

診斷項目		診斷記錄	問題點
一 品 管 組 織	1. 有無文件化的品質管理組織及隸屬		
	2. 有無文件化的各品質管理人員職責分工及隸屬		
	3. 有無文件化品質管理權限,例如貨物通行判斷權		
	4. 所有品質管理人員有無經過專業培訓後上崗,有無相應記錄		
	5. 組織有無文件化的獎懲制度,獎懲工作是否納入薪資		
	6. 評定製造單位品質不良狀況的數據是否來源於品質部,品質狀況是否納入部門績效作考核		
二 進 料 檢 驗	1. 有無文件化進料檢驗標準		
	2. 進料檢驗標準有無明確規定所參考資料及物品,例如樣板、BOM表、訂單等		
	3. 當材料本廠無法驗證時有無購入材料的材質證明或外檢證明		
	4. 有無文件化規定進料驗收異常處理的程序		
	5. 進料驗收記錄是否準確、明確及歸檔保存		
	6. 進料放行的權限有無明確規定,由何種人員或級別控制		
	7. 檢驗狀態標示有無區分?執行如何		
	8. 有無參與供應商評定,品質所占比例是否合適		
三 制 程 檢 驗	1. 有無制程作業標準且完整、完善		
	2. 有無制程檢驗的標準完整、完善		
	3. 有無明確制程檢驗流程即各品質控制點		
	4. 有無制程檢驗記錄且真實可行		
	5. 有無文件化制程異常處理的程序		
	6. 制程中的半成品放行權有無明確規定,事實上在那一人員或級別控制		

續表

診斷項目		診斷記錄	問題點
	7.有無文件化,制程中檢驗狀態標準及區分且執行		
	8.有無相關品質問題及統計分析		
四成品檢驗	1.有無成品檢驗的規範及驗收標準		
	2.有無文件化規定成品異常的處理程序		
	3.有無文件化規定成品的標示處理及確定執行		
	4.有無成品出貨檢驗記錄且記錄完整		
	5.有無有效防止成品漏檢的有效方法		
	6.有無文件化規定成品出貨放行的權限在某人、某級別控制		
五儀校管理	1.各檢測設備的精確及所需精度有無明確規定,執行如何		
	2.各品質檢驗流程有無明確規定所使用儀器及名稱		
	3.檢測設備有無定期校正/校驗		
	4.檢測設備操作書是否完整		
	5.檢測設備有無定期保養且建檔		
六品質保證能力	1.有無完整的品質保證體系(從設計-出貨-服務)		
	2.整體管理架構是否完整,各級管理職能是否明確		
	3.是否以文件形式規定品質目標(量化)且為員工所理解及各部門執行		
	4.各相關品質保證單位有無對品質記錄的收集、發放、借閱等進行管制		
	5.產品生產過程中各產品的狀態有無標識並有追溯性		
	6.客戶抱怨處置是否及時,有無對客戶進行客戶滿意度調查		

續表

診斷項目		診斷記錄	問題點
七 品 質 計 劃	1. 生產前有無完善的品質計畫，尤其是特殊的產品，有無特別的規定		
	2. 客戶之要求有無被相關品質問題人員知道		
	3. 各相關人員有無崗位培訓，且考試通過方可上崗，有無相應記錄		
	4. 是否對可能發現的異常進行分析識別，並採取預防措施		
	5. 公司有無有助於品質提升的5S、QCC、FMEA等活動，效果如何		
	6. 涉及產品更改，有無書面聯絡，並做相應品質再檢驗確認且有相應記錄		
	7. 品質控制各階段(IQC、IPQC、FQC、OQC)能否保證未有漏檢發生，有無相應方法或程序支援		
八 成 本	1. 公司有無對品質成本進行識別，並做相應核算		
	2. 有無定期對品質成本的控制進行檢討，並改善、效果如何		

(五)品質部經理進料自我診斷

序號	診斷項目	診斷記錄	問題點
1	進料檢驗標準是否明確、有無明文規定		
2	進料流程是否清晰、有無程序圖		
3	抽樣的方法是否正確		
4	有無定期對供應商進行現場評估		
5	供應商的品質狀況是否定期進行了統計		
6	供應商的產品品質異常有無及時與其溝通		
7	是否有明確的供應商考核辦法，執行如何		
8	供應商連續出現品質問題是否有相應的處理辦法		
9	供應商產品品質進行改進後有無及時跟蹤		
10	因供應商原材料品質問題造成損失的責任承擔辦法有無規定，執行如何		
11	進料檢驗組人員的素質是否達到要求		
12	進料檢驗報告是否清晰，並得到合理的保存		
13	原材料存在輕微品質問題，而生產工廠又急需用時，特採有那些程序，由誰來批准		
14	緊急放行是否明確由誰批准		
15	原材料不合格品是否有明確處置方式		
16	規定退回供應的產品是否及時退回倉庫		

(六)客戶投訴診斷調查

序號	診斷項目	診斷記錄	問題點
1	每一次客戶投訴是否以最快的速度回覆，並儘量讓顧客滿意		
2	客戶投訴的處理流程及由誰來處理是否有明確規定		
3	客戶投訴回覆內容是否適當，由誰批准		
4	每次客戶投訴是否均進行了相應的原因分析，並作了必要的糾正和預防措施		
5	客戶投訴是否進行定期統計和分析		
6	企業交貨方面是否準時，有無交貨投訴		

(七)實物樣品診斷調查

序號	診斷項目	診斷記錄	問題點
1	當不便用文字表達或用文字表達不清楚時，有無形成實物樣品		
2	實物樣品是否分為合格限度樣品與不合格限度樣品，讓員工明確判斷標準		
3	實物樣品是否定期確認和更新		
4	進料、制程、成品各過程中是否均有便於參照的實物樣品		
5	實物樣品保存是否合理，使其不易變質		

9 採購倉儲管理的診斷

(一)採購診斷調查

項目	題目 (提問點及症狀)	答題方式	給分 標準	答案	
				答題	得分
1. 部門組織	1.1 有無文件化的組織架構圖	A.有，且與實際相符 B.有，但與實際不相符 C.沒有	A=3 B=1 C=0		
2. 採購人員水準	2.1 文化水準	A.大專以上為主 B.高中或中專為主 C.初中以下 為主	A=3 B=2 C=1		
	2.2 在相同崗位平均工齡	A.1～2年 B.3～5年 C.9年 D.10年以上	A=1 B=2 C=3 D=4		
3. 採購制度	3.1 有無制定採購程序	A.有 B.無	A=2 B=0		
	3.2 是否按照採購程序作業	A.是 B.否	A=2 B=0		
4. 採購計畫和預算	4.1 有無定期編制採購計畫	A.有 B.無	A=2 B=0		
	4.2 有無制定物料清單(BOM)	A.有 B.無	A=2 B=0		
	4.3 制定採購計畫的根據是什麼	A.以生產計畫 B.憑經驗	A=2 B=0		
	4.4 公司採用什麼技術計算採購批量	A.概率法 B.經濟批量法 C.憑經驗	A=2 B=1 C=0		

續表

項目	題目（提問點及症狀）	答題方式	給分標準	答案	
				答題	得分
5. 採購資訊	5.1 有無採購資料	A.標準件手冊（需要否，有無） B.金屬材料手冊（需要否，有無） C.化工手冊（需要否，有無） D.電子元器件手冊（需要否，有無） E.電線電纜手冊（需要否，有無） F.供應商名冊 G.外協件驗收標準	A～E需要，且有的加1分；需要，無的扣1分；F～G有1項加1分，無不扣分		
	5.2 有無採購統計資料	H.價格變化記錄 I.供應商供貨品質記錄 J.供應商供貨數量記錄 K.供應商供貨時間記錄 L.採購員定購採購記錄 M.採購合約記錄統計 N.其他	每有一項加1分		
6. 電腦化	6.1 採購作業有無實現電腦化	A.有 B.沒有	A=2 B=0		
	6.2 有無系統軟體	A.有MRP II 或ERP B.有專用採購軟體 C.進銷存軟體 D.無	A=3 B=2 C=1 D=0		
	6.3 有無使用電子商務採購	A.有 B.無	A=3 B=0		
7. 供應商管理	7.1 是否定期評估供應商	A.是 B.不是	A=2 B=0		

續表

項目	題目 (提問點及症狀)	答題 方式	給分 標準	答案	
				答題	得分
7. 供應商管理	7.2 受控的供應商占總供應商的比例	A.100%全部 B.50%以上大部分 C.50% 以 下 D.0	A=3 B=2 C=1 D=0		
	7.3 有無合格廠商一覽表	A.有 B.無	A=2 B=0		
	7.4 對服務性供應商是否一併列入管制	A.是 B.無	A=3 B=0		
	7.5 同一材料平均有幾個合格供應商	A.1 個 B.2個 C.3個以上	A=1 B=2 C=4		
8. 採購控制	8.1 對採購物料的議價、簽約及訂單發出有無完整的作業程序	A.有 B.無	A=3 B=0		
	8.2 物料的規格、品質要求或特殊要求是否有文件說明	A.全部有 B.大部分有 C.少部分有 D.無	A=3 B=2 C=1 D=0		
	8.3 是否向合格供應商採購	A.全部是 B.大部分是 C.少部分 D.無	A=3 B=2 C=1 D=0		
	8.4 供應商交貨準時率	A.95%以上 B.85%～95% C.60%～85% D.60%以下	A=3 B=2 C=1 D=0		
	8.5 有無交貨期進度及跟催制度	A.有 B.無	A=2 B=0		

續表

項目	題目 （提問點及症狀）	答題 方式	給分 標準	答案	
				答題	得分
8. 採購控制	8.6 供應商多次延期交貨時如何處置	A. 不採取任何行動 B. 與供應商溝通促其改進 C. 罰款 D. 將其列為不合格供應商不再向其採購	A=0 B=1 C=2 D=3		
9. 採購產品之驗證	9.1 是否對所有採購物料都要檢驗後才可進倉	A.全部是 B.大部分是 C.少部分是 D.全部不是	A=3 B=2 C=1 D=0		
	9.2 有無責成供應商提供有關物料的證明文件（如材質證明、出廠商檢合格證明等）	A.有 B.無	A=2 B=0		
	9.3 有無與供應商簽訂驗證方法及品質保證的協定？（如抽樣標準、重要檢查項目等）	A.全部有 B.大部分有 C.少部分有 D.無	A=3 B=2 C=1 D=0		
10. 採購績效	10.1 貴公司對採購績效是否進行評估工作	A.是 B.否	A=2 B=0		
	10.2 呆料資金比例	A.5%以上 B.3%～5% C. 0～%3% D.0%	A=0 B=1 C=2 D=4		

續表

項目	題目 （提問點及症狀）	答題 方式	給分 標準	答案	
				答題	得分
10. 採購 績效	10.3 錯誤採購率	A.10% 以 上 B.5%～10% C.1%～5% D.1%以下	A=0 B=1 C=2 D=4		
11. 培訓	11.1 採購人員經過那些培訓	A. 材料常識 （製造品質） B. 檢驗標準 C.抽驗標準 D. 採購文件 及制度 E.採購技巧	每項加1 分		
	11.2 對培訓結果是否進行評估	A.是 B.否	A=2 B=0		

說明：滿分為 100 分。其中：90～100 分為優，75～89 分為良，60～74 分為中，45～59 分為差，45 分以下為較差。

(二)物流控制部門經理自我診斷調查

年 月 日

序號	診斷項目	診斷記錄	問題點
1	公司物料部門組織是否合理？資源是否充分		
2	公司是否制定了訂單訂購流程		
3	是否依訂購單收料規定點收物料		
4	物品存放場所5S執行情況		
5	是否對材料出入庫進行記錄，記錄是否完整		
6	是否對物料定期進行盤點		
7	採購部門對公司每項物品供貨源是否瞭解		
8	採購是否規定了對供方的選擇和定期評價的準則？實施情況如何		
9	對物料管理是否進行分類和編號		
10	公司對採購業績是否定期進行評估		
11	採購產品品質是否穩定		
12	對供方的評價結果和跟蹤措施是否有記錄		
13	組織是否識別了對採購產品驗證所需活動		
14	倉庫是否定期對呆廢料進行統計？並即時處理		
15	倉庫安全情況是否良好,防火設備是否齊全		
16	物料的採購,請購部門是否提出請購單？檢查		

(三)倉儲管理診斷調查

項目	題目 （提問點及症狀）	答題 方式	給分 標準	答案	
				答題	得分
1. 組織架構	1.1 有無文件化職責管理規範和架構圖	A.有，且與實際相符 B.有，且與實際不符 C.無	A=3 B=1 C=0		
2. 標識	2.1 有無倉庫平面示意圖	A.有 B.無	A=3 B=0		
	2.2 有無儲工分區規劃（合格區、不合格區、待檢區等）	A.合格品區 B.不合格品區 C.待檢區 D.特採	每有一項加1分		
	2.3 物品所處狀態是否標明且放置於所屬儲區	A.全部是 B.大部分 C.少部分 D.無	A=3 B=2 C=1 D=0		
	2.4 有無分區的物品狀態（待檢、合格、不合格、特採)標識	A.全部有 B.大部分有 C.少部分有 D.無	A=3 B=2 C=1 D=0		
3. 搬運	3.1 公司有無制定有關物料在進料、制程及成品運送時的搬運管制程序和規範	A.有 B.無	A=3 B=0		
	3.2 公司有無提供正確的棧板、容器或搬運工具，搬運路線及載高載重限制，以防止物料在搬運過程中因震動、衝擊、摩擦、	A.有 B.無	A=3 B=0		

續表

項目	題目 (提問點及症狀)	答題 方式	給分 標準	答案	
				答題	得分
4. 儲存	4.1 公司有無制定材料及產品的儲存管制程序和規範	A. 有 B. 無	A=3 B=0		
	4.2 有無防火安全設施	A. 消防栓 B. 滅火器 C. 安全燈 D. 其他	每項加1分		
	4.3 是否提供安全儲存條件和設施以防止物料及產品變質	A. 防高溫(需要否有無) B. 防化學腐蝕(需要否,有無) C. 防潮濕(需要否,有無) D. 防光照 E. 其他	需要,且有的加1分 需要。無的扣1分,其餘為0分		
	4.4 有無制定物料收發的管制辦法,以明定物料領用、入庫、退庫等核決權責	A. 有 B. 無	A=3 B=0		
	4.5 對呆廢料有無制定相應措施以及時處理	A. 有 B. 有措施無執行 C. 無	A=3 B=1 C=0		
	4.6 有無具體措施以保證物料發放執行先進先出程序	A. 是 B. 否	A=3 B=0		
	4.7 對有儲存壽命的材料及產品,是否明確規定儲存期限	A. 是 B. 否	A=3 B=0		
	4.8 物料擺放是否井然有序	A. 是 B. 否	A=2 B=0		

續表

項目	題目 （提問點及症狀）	答題 方式	給分 標準	答案	
				答題	得分
5. 檢驗	5.1 是否定期對庫存材料及產品進行複檢	A.是 B.否	A＝2 B＝0		
	5.2 對過期材料有無鑒定處置程序	A.有 B.無	A＝3 B＝0		
6. 盤點	6.1 公司是否定期盤點	A.是 B.否	A＝2 B＝0		
	6.2 對盤盈、盤虧有無相應處理措施	A.有 B.無	A＝2 B＝0		
	6.3 物料賬、物、卡是否一致	A.全部是 B.大部分是 C.少部分一致	A＝2 B＝1 C＝0		
	6.4 盤點賬目準確率（賬實、賬賬相符	A.99.9% 以 上 B.99%～99.9% C.95%～99% D.95%以下	A＝3 B＝2 C＝1 D＝0		
	6.5 調賬審批權有無規定	A.有 B.無	A＝3 B＝0		
7. 包裝	7.1 選用的包裝材料是否符合產品標準有關要求	A.全部是 B.大部分是 C.少部分是 D.全部不是	A＝3 B＝2 C＝1 D＝0		
	7.2 有無附包裝試裝檢驗程序	A.有 B.無	A＝3 B＝0		

續表

項目	題目 （提問點及症狀）	答題 方式	給分 標準	答案	
				答題	得分
7. 包裝	7.3 包裝的標識（鑒別用）是否明確規定	A. 危險品標識（需要否，有無） B. 防雨標識（需要否，有無） C. 防震標識（需要否，有無） D. 放置方向標識（需要否，有無） E. 產品名稱、型號 F. 件數 G. 重量 H. 公司名稱	A～D需要且有加1分，需要而無扣1分。E～H每有一項加1分		
8. 領發料	8.1 是否嚴格按生產作業計畫發料	A. 是 B. 否	A=3 B=0		
	8.2 對超領物料有無嚴格的審批程序	A. 有 B. 無	A=3 B=0		
9.5S管理	9.1 貴公司庫區有無推行「5S」管理活動	A. 有 B. 無	A=3 B=0		
	9.2 有無設定「5S」責任區	A. 是 B. 無	A=3 B=0		
	9.3 是否定期對「5S」活動進行檢查	A. 是 B. 無	A=3 B=0		
10. 電腦化	10.1 倉儲管理是否已實現電腦化管理	A. 是 B. 否	A=3 B=0		
	10.2 有無使用MRP、ERP或其他庫存軟體	A. 有 B. 無	A=3 B=0		

說明：滿分為 100 分。其中：90～100 分為優，75～89 分為良，60～74 分為中，45～59 分為差，45 分以下為較差。

10 設備計量管理的診斷

(一)設備管理診斷調查

項目	題目（提問點及症狀）	答題方式	給分標準	答案	
				答題	得分
1. 管理度	1.1 企業有無設備管理制度	A.有 B.無	A＝2 B＝0		
	1.2 設備管理制度內容是否完備（有無以下內容）	A.設備申請購買管理 B.設備驗收 C.設備使用記錄 D.設備維修、保養記錄 E.設備報廢制度 F.設備檔案管理	每一項加1分		
	1.3 設備檔案內容是否完備	A.設備使用說明 B.設備驗收校正記錄 C.設備使用記錄 D.安全及操作規程	每項1分		
	1.4 有無設備台賬與財務賬務是否相符	A.有且相符 B.有不相符 C.無	A＝3 B＝2 C＝0		
	1.5 有無模具夾工裝管理制度	A.有 B.無	A＝1 B＝0		
	1.6 有無模具使用維修記錄	A.有 B.無	A＝2 B＝0		
	1.7 有無建立三級保養制度及職責劃分	A.有 B.有制度無責任劃分 C.無	A＝2 B＝1 C＝0		

續表

項目	題目（提問點及症狀）	答題方式	給分標準	答案	
				答題	得分
2. 設備管理人員狀況	2.1 有無專職設備管理人員	A.有　　B.無	A=2 B=0		
	2.2 設備管理人員文化水準	A.本科以上 B.中專 C.大專　　D.其他	A=4 B=3 C=2 D=1		
	2.3 有無專職維修人員	A.有 B.無	A=1 B=0		
	2.4 有無經過專門的設備維修培訓	A.全部有 B.大部分有 C.少部分有 D.無	A=3 B=2 C=1 D=0		
3. 設備現場管理	3.1 設備現場整潔度評價	A.好　 B.一般　 C.差	A=4 B=3 C=1		
	3.2 現場設備有無以下內容	A.編號　B.維護工具 C.運行記錄 D.維修記錄 E.安全操作規程	每次加1分		
	3.3 現場設備完整性（部件完備無缺）	A.全部設備不缺 B.大部分設備不缺 C.少部分設備不缺 D.全缺	A=6 B=4 C=2 D=0		
	3.4 現場設備完好性	A.全部設備完好 B.大部分完好 C.少部分完好 D.無一定好	A=6 B=4 C=2 D=		
	3.5 操作人員安全防護設施使用比例	A.全部有 B.大部分有 C.少部分有 D.全無	A=6 B=4 C=2 D=0		
4. 操作人員水	4.1 操作人員有無經過設備安全操作培訓	A.全部有 B.大部分有 C.少部分有 D.無	A=6 B=4 C=2 D=0		
	4.2 培訓後有無經過考試	A.有 B.無	A=2 B=0		

續表

項目	題目（提問點及症狀）	答題方式	給分標準	答案	
				答題	得分
5. 備件狀況	5.1 有無備件台賬	A. 有 B. 無	A=2 B=0		
	5.2 台賬與庫存記錄是否一致	A. 是一致 B. 不一致	A=2 B=0		
6. 設備配備的儀錶計量校驗	6.1 有無檢驗計畫	A. 有 B. 無	A=2 B=0		
	6.2 使用是否在有效校驗期限內	A. 全部是 B. 大部分是 C. 少部分是 D. 全部不是	A=6 B=4 C=2 D=0		
7. 統計管理	7.1 有無設備使用壽命統計及分析	A. 有統計有分析 B. 有統計無分析 C. 全無	A=3 B=2 C=0		
	7.2 有無設備維修統計	A. 有 B. 無	A=2 B=0		
	7.3 平均無故障工作時間	A.<100小時 B.101～200小時 C.200～600小時 D.600小時以上	A=1 B=2 C=4 D=5		
	7.4 設備利用率	A.>75% B.50%～75% C.<50%	A=5 B=3 C=1		
8. 事故處理	8.1 有無「設備/安全事故」管理制度	A. 有 B. 無	A=3 B=0		
	8.2 事故後有無糾正、預防措施	A. 有 B. 有時有 C. 無	A=3 B=2 C=0		
	8.3 年事故損失金額	A.1‰ B.1‰～1% C.>1%	A=2 B=1 C=0		

說明：滿分為 100 分。其中：90～100 分為優，75～89 分為良，60～74 分為中，45～59 分為差，45 分以下為較差。

(二)計量設備診斷調查

序號	診斷項目	診斷記錄	問題點
1	計量設備是否登記台賬統一管理		
2	計量設備的精確度能否達到測量的使用要求		
3	計量設備能否追溯到國際基準		
4	計量設備是否按要求定期進行校驗		
5	計量設備所使用的環境是否達到其設備本身要求的環境條件		
6	計量設備的使用狀態標識是否明確		
7	複雜的計量設備是否形成操作指導書,指導員工進行操作		

11 技術開發管理的診斷

(一)技術開發部經理自我診斷調查

序號		診斷項目	診斷記錄	問題點
1	一、組織	1.有無文件化的組織結構及隸屬關係		
2		2.有無文件化的設計人員職責及權限		
3		3.設計人員有無文件化資格要求		
4		4.設計人員上崗前是否經過培訓並留存相應記錄		
5		5.組織是否有文件化獎懲制度,其績效有無與薪資掛鉤		

續表

序號		診斷項目	診斷記錄	問題點
6	二、資源	1.設計現有工具及儀器設備能否滿足設計需要		
7		2.設計人員編制及專業技術經驗能否滿足設計要求		
8		3.有無外界資料及培訓、學習以提升設計開發人員能力		
9		4.相關部門是否提供該設計部相應市場調查狀況，以利新產品開發		
10	設計過程控制	1.有無文件化設計過程控制程序		
11		2.有無設計策劃(計畫)及實現計畫活動實施相關人員及職責規定		
12		3.在設計計畫或程序中有無文件化介面說明		
13		4.有無明確的設計輸入表，輸入表有無確定合約要求及法規要求		
14		5.設計輸出有無一一滿足輸入的要求		
15		6.設計各階段有無評審，評審有無參照合約要求及相關法規		
16		7.在設計的相應階段有無設計驗證		
17		8.設計確認的權限有無明確規定、有無確認		
18		9.設計更改的權限有無明確規定。設計更改有無通知相關人員及部門有無確認		
19	四、技術文件管制	1.有無技術文件管制程序(含歸檔、發行、更改等)		
20		2.技術文件有效，版本是否涉及控制		
21	五、設計結果適應性	1.設計輸出的資料是否完善(例有無相應圖紙及標準BOM表單)		
22		2.有無相應技術流程及操作方法		
23		3.有無檢驗驗證的標準		
24		4.技術文件能否滿足客戶要求及製造單位要求		

(二)技術開發管理診斷調查

項目	題目(提問點及症狀)	答題方式	給分標準	答案 答題	得分
1.技術文件完整性	1.1 產品設計圖紙的完整性	具有整套圖紙文件的產品品種數量÷總的產品品種數量	<0.2=1 0.8～1=2 0.2 ～ 0.6=30.6 ～ 0.8=40=0		
	1.2 技術文件的完整性	具有整套技術文件的產品品種數量÷總的品種數量	同上		
2.資訊資料管 2.信資料管理	2.1 本行業的國家標準,部頒標準(包括相關標準)	A.有完整 B.部分有 C.無	A=3 B=2 C=0		
	2.2 本行業的國際標準	A.有完整 B.部分有 C.無	A=2 B=1 C=0		
	2.3 相關基礎標準	A.有完整 B.部分有 C.無	A=2 B=1 C=0		
	2.4 行業刊物(國內)	A.內部有 B.部分有 C.無	A=2 B=1 C=0		
	2.5 國際行業刊物	A.全部有 B.部分有 C.無	A=2 B=1 C=0		
	2.6 國內行業前五名廠商產品資料	A.全部有 B.部分有 C.無	A=2 B=1 C=0		
	2.7 國際行業前五名廠商資料	同上	A=2 B=1 C=0		

續表

項目	題目（提問點及症狀）	答題方式	給分標準	答案	
				答題	得分
3.新產品效益	3.1 每年完成開發新產品品種速度比	當年開發新品種數量÷上年開發新產品數量	<0.9=1 =0.9 ～ 1.1=2 >1.1=3		
	3.2 每年新產品銷售收入比	直接填當年投產入÷全部產品銷售收入	<1=0 1～2=1 2以上=2		
	3.3 新產品中仿造的品種數比	仿造產品品種數量÷新產品品種數量	1=1 0.3～1=2 0.3以下=3		
	3.4 專利產品營業收入比	專利產品銷售收入÷全部產品銷售收入	0～0.2=1 0.2～0.5=2 0.5～1=3		
4. 開發過程管理	4.1 有無新產品開發計畫及進度表	A.有 B.55%以上 C.45～55 D.45以下	A=3 B=0		
	4.2 按計劃完成的品種比例	A.大部分 C.小部分	A=3 B=2 C=1		
	4.3 開發費用占總收入的比例	A.2%以下 B.2%～5% C.5%以上	A=1 B=2 C=3		
5.制度與組織	5.1 有無開發程序管理文件及相關審批制度	A.有，執行較好 B.有文件，執行不好 C.沒有	A=3 B=2 C=0		
	5.2 有無技術管理制度和執行記錄	A.有文件，執行較好 B.有文件，無記錄 C.全無	A=2 B=1 C=0		
	5.3 有無組織架構崗位職責規範	A.有 B.無	A=1 B=0		

續表

項目	題目（提問點及症狀）	答題方式	給分標準	答案	
				答題	得分
5. 制度與組織	5.4 有無技術文件管理制度	A. 有　B. 無	A＝1　B＝0		
	5.5 有無標準化管理制度	A. 有　B. 無	A＝1　B＝0		
	5.6 有無專職標準化管理人員	A. 有專職　B. 兼職 C. 無	A＝2　B＝1 C＝0		
6. 人員素質狀況	6.1 技術人員覆蓋專業比例	A. >80% B. 40%～80% C. <40%	A＝4　B＝2 C＝I		
	6.2 技術人員學歷狀況	A. 中專比例最多 B. 大專比例最多 C. 本科比例最多 D. 碩士以上的比例最多	A＝1　B＝2 C＝3　D＝4		
	6.3 技術人員占職工總數的比例	A. 1%以下　B. 1%～5% C. 5%以上	A＝1　B＝2 C＝3		
	6.4 沒有技術員的工廠比例	A. 大部分工廠有 B. 少部分有 C. 沒有	A＝2　B＝1 C＝0		
	6.5 技術人員的平均廠齡	A. 1～2年　B. 3～4年 C. 5年以上 D. 8年以上	A＝1　B＝2 C＝4　D＝1		
	6.6 部門經理廠齡	A. 3年以下 B. 3～5年 C. 5年以上	A＝1　B＝2 C＝4		
	6.7 部門經理學歷	A. 中專　B. 大專 C. 本科　D. 碩士以上	A＝1　B＝2 C＝3　D＝4		

續表

項目	題目（提問點及症狀）	答題方式	給分標準	答案	
				答題	得分
7. 開發設施	7.1 設計人員使用電腦狀況	A.全部 B.大部分 C.小部分 D.無	A=4 B=2 C=1 D=0		
	7.2 有無專用的基礎研究實驗室	A.有 B.無	A=1 B=0		
	7.3 有無專用的新產品試製設備及組織	A.有 B.沒有	A=1 B=0		
8. 行業活動	8.1 是否行業協會成員	A.是 B.不是	A=3 B=0		
	8.2 參加行業協會活動次數	A.每次都參加 B.大部分 C.小部分	A=3 B=2 C=1		
	8.3 每年在各類專業刊物上發表的論文數	A.3篇以上 B.1～3篇 C.沒有	A=2 B=1 C=0		
9. 資訊溝通與共用	9.1 參加產品展覽會	A.有 B.無	A=2 B=0		
	9.2 市場調研情況.	A.有 B.無	A=2 B=0		
	9.3 內部標準化資料共用	A.有推薦標準手冊 B.有常用部件圖庫 C.有常規工作時間定額標準及計算辦法	每一項加1分		
	9.4 有無加入國家或國際標準化網路會員	A.有 B.無	A=1 B=0		

說明：滿分為 100 分。其中：90～100 分為優，75～89 分為良，60～74 分為中，45～59 分為差，45 分以下為較差。

(三)技術部診斷調查

序號	診斷項目	診斷記錄	結果
1	檢查設計輸入、輸出、評審驗證，確認等各階段有無進行劃分並明確各階段主要工作內容	查設計計畫書或提供的有關資料	
2	檢查有無明確各階段人員分工，責任人，進度要求以及配合部門	查設計計畫書或提供的有關資料	
3	不同設計人員之間的介面是如何處理的	查有無設計資訊聯絡單或其他有效溝通方式	
4	在設計輸入時有無明確設計產品功能描述，主要技術參數和性能指標	查看設計任務書或其提供的有關資料	
5	在設計輸入時有無確定該產品適用的相關標準，法律法規，顧客的特殊要求等	查看設計任務書或其提供的有關資料	
6	在設計輸入前有無進行市場調研，瞭解社會的需求	通過交談或查閱其提供的有關資料	
7	有無參考以前類似設計的有關要求以及設計和開發所必須的其他要求，如安全防護，環境等方面的要求	通過交談或查閱其提供的有關方式	
8	設計輸出文件中的重大設計特性是否明確或做出標識，以及輸出文件的發放管理狀況	通過交談或抽看2～3份設計文件	
9	有無組織與設計階段有關的職能部門代表對設計輸出文件進行評審	查看2～3份評審記錄	
10	對評審中發現的缺陷和不足有無整改，整改完成後有無再進行評審	根據查看的評審記錄追蹤其整改落實情況	

序號	診斷項目	診斷記錄	結果
11	有無做成設計評審報告，以及評審報告的發放管理狀況	查看2～3項的評審報告，並通過交談，瞭解其發放流程	
12	設計評審通過後，有無進行設計驗證，設計任務中每一技術參數，性能指標都要有相應的驗證記錄	通過交談，查看2～3個項目的設計驗證記錄	
13	對於設計驗證中發現的問題，有無整改措施並進行落實	通過交談，根據驗證記錄跟蹤措施的執行情況	
14	通過何種方式對最終產品進行設計確認工作，如顧客試用報告、新產品鑑定報告等	通過交談，瞭解設計確認的方式並查看2～3份項目確認報告	
15	設計更改有無按規定流程去做，如填寫《設計更改申請單》，審批後更改等	查看2～3份設計更改記錄並追蹤其更改申請單	
16	設計文件和資料的歸檔管理工作	有無文件資料登記清單，借閱清單等	
17	設計部的組織架構	通過交談	
18	新品開發週期、新品所占比例	通過交談	
19	技術文件、檢驗標準的編制與歸檔	查2～3份技術文件，檢驗標準的清單發放、保管情況	
20	老產品的技術品質問題有無進行管理	通過交談，詢問	
21	有無完整的產品目錄清單及其產品標準(包括樣品保管)	查看清單，並抽看2～3份產品標準	
22	新產品的達成率，優良率分別是多少	通過檢查計算	
23	有無技術創新獎勵活動	查看獎勵制度	

12 生產安全管理的診斷

(一)生產安全現場檢查診斷

檢查診斷項目		評價	診斷記錄	結果
機械設備	1. 各防護罩有無未用損壞、不合適？ 2. 機械運轉有無震動、雜聲、鬆脫現象？ 3. 機械潤滑系統是否良好、有無漏油？ 4. 壓力容器是否保養良好？			
電氣設備	1. 各電器設備有無接地裝置？ 2. 電氣開關護蓋及保險絲是否合規定？ 3. 電氣裝置有無可能短路或過熱起火？ 4. 廠內外臨時配用電是否合規定？			
升降機 起重機	1. 傳動部分之潤滑是否適當？操作是否靈活？ 2. 安全裝置是否保養良好？			
攀高設備 （梯、凳）	1. 結構是否堅牢？			
人體防護用具	1. 工作人員是否及時佩帶適當之防護用具？ 2. 防護用具是否維護良好？			
消設備	1. 滅火器材是否按配置地點吊掛？ 2. 消防器材設備是否保養良好？			

續表

檢查診斷項目		評價	診斷記錄	結果
環境	1.通道樓梯及地區有無障礙物？			
	2.油污廢物是否置於密蓋之廢料桶內？			
	3.衣物用具是否懸掛或存於指定處所？			
	4.物料存放是否穩妥有序？			
	5.通風照明是否情況良好？			
	6.廠房門窗屋頂有無缺損？			
	7.木板平臺地面或階梯是否整潔？			
急救設備	1.急救箱是否堪用？藥品是否不足？			
	2.急救器材是否良好？			
	3.快速淋洗器是否保養良好？			
人員動作	1.有無嬉戲、喧嘩、狂奔、吸煙等事情？			
	2.有無使用不安全的工具？			
	3.有無隨地亂置工具、材料、廢物等？			
	4.各種工具的用法是否妥當？			
	5.工作方法是否正確？			
	6.是否有負病者工作？			
綜合評價				

(二)廠區用電安全檢查診斷

項次	檢查項目	良好	不良	缺點事實	診斷記錄
1	電氣設備及馬達外殼是否接地				
2	電氣設備是否有淋水或淋化學液髒之虞				
3	電氣設備配管配線是否有破損				
4	電氣設備配管及馬達是否有超載使用				
5	高壓馬達短路環、電限器是否良好				
6	配電箱處是否堆有材料、工具或其他雜物				
7	導體露出部分是否容易接近？是否掛有「危險」之際示牌				
8	D.S及Bus Bar是否因接觸不良而發紅				
9	配電盤外殼及P.T.C.T二次線路是否接地				
10	轉動部分是否有覆罩				
11	變電室滅火器是否良好				
12	臨時線之配置是否完全				
13	高壓線路之礙子等絕緣支持物是否不潔或有脫落現象				
14	中間接線盒是否有積棉或其他物品				
15	現場配電盤是否確實關妥				
16	電氣開關之保險絲是否合乎規定				
17	避雷針是否良好可用				

13 生產診斷的流程

企業診斷治理根據人員組成的不同，可分為自我診斷治理和聘請企業外部專家進行診斷治理。

診斷與治理的程序是：成立診斷治理機構→制定診斷治理方案→到現場收集資料開展調查→進行資料整理分析判斷→研究制定治理方案→提出診斷治理報告→進行診斷治理工作總結→監督診斷治理方案執行。

1. 建立診斷治理工作機構

企業診斷治理是一項高層次、政策性、技術性很強的工作。無論外聘診斷治理或自行診斷治理，都應組成專門機構實施。成員有企業主要領導人員、部門主管、外聘專家等組成。

主要職責是全面負責診斷治理工作的政策方向指導、組織實施協調等主要工作：

· 制定企業診斷治理工作方案

· 收集、審核診斷治理基礎資料及數據

· 實施具體的診斷治理操作

· 提出治理企業的建議方案

· 撰寫診斷治理報告

· 建立診斷治理檔案

· 其他有關工作

(a)外部診斷小組

企業經營者或高階主管，有時會陷於當局者迷而不知，或者沒有足夠的勇氣面對現實，怕引起可能的負面效果，有的是公司內部診斷專長之人才不足或無暇兼顧時，甚至診斷工作為一特定的任務或專業計畫時，便要將經營診斷的工作借助於外部的諮詢人員，如診斷專家、經營專家、企管顧問師、專業技術人員、學者，甚至政府的行政人員等來實施。

外部診斷的人員有其專業素養，完全採用專門技術，加以豐富經驗的累積，較能有獨到的見解，效率也較高，加以其以客觀第三者的立場，較能避免本位主義的公正判斷，而所獲得的數據也較為真實，亦可達旁觀者清之境。雖受診斷之企業，有時會採自我防衛之態度，但若對善意外部人員的意見也較能接納。最後，根據企業之需要，可以遴聘到合適的診斷人員，亦可望得到顯著的效果。

外部診斷人員，一般實施診斷的範圍和時間經常受到限制，對於企業整體經營的歷史沿革，或某些特定問題，由於參與度的不足，恐無法透徹深入的瞭解，有時易陷於隔靴搔癢之境，或者是完美理想的理論高談者，不能務實解決企業的真正問題。受診斷企業的部分人員有時會採取不合作之態度，會將較屬內部事務或秘密性數據隱藏。再者，外界人員無法長期進駐公司，對於診斷後改善方案之實施與修正，經常要即時性的展開較為困難，在協助輔導的成效恐會打折。

外界診斷人員的遴選，除了專門技術與素養經驗外，其工作能力與態度，還有顧客的滿意度皆為考慮因素，最為重要的是他們所

研擬的改善措施能真正解決企業之所需。

(b)內部診斷小組

內部診斷亦稱自我診斷，當企業除了由外部診斷人員外，亦可由公司內部組成診斷小組。

自我診斷的實施較富彈性也較經濟，可以經常或例行為之。各部門負責人對自己所擔當的業務進行診斷外，尚可由其他部門對整個企業或特定對象進行診斷。企業內部自行診斷，基本上，對組織內部問題的詳情較清楚，也促進同仁間彼此的意見溝通，對於共同的問題有不同角度的分析，加重了個人的責任感和提高了團隊精神。再者，主管與同仁間的彼此信任，診斷也獲得大家的支持度，排斥的心就自然減少，增強了個人與部門間之合作，同時，對於診斷後所擬的改善方案可以評估、再回饋，而達到較理想的具體措施。

內部診斷小組由於足球員兼裁判，雙重角色的定位不易釐清，有時較易有失客觀性。再者診斷人員的身份特殊，若無良好的溝通技巧和誠懇的態度，恐會招致抵抗，而破壞團體的和諧氣氛，而將診斷的工作事倍功半。

2. 制定診斷工作實施方案

方案應確定具體的診斷治理目的、診斷治理對象、診斷治理工作計畫、時間進度、工作要求等。

(1)診斷治理目的：這是開展診斷治理工作的前提，首先應明確本次診斷治理的目的，作為整個診斷治理工作的航標。從而使各項具體工作圍繞診斷治理目的進行。

(2)診斷治理對象：所要進行診斷治理的是整個企業的全面性工作，或是企業的某一方面工作，這在診斷治理前，必須先明確。

(3)診斷治理依據：開展診斷治理的技術指標標準，如採用「企業效績評價體系」。對各子公司進行診斷，其診斷依據就是《企業效績評價標準值》等有關規定。

(4)擬用的診斷治理方法和工具：具體運用的診斷方法是何種，如效績評價法、問卷測評法及專用診斷工具如波士頓矩陣等。

(5)診斷治理工作步驟及時間安排。指實施診斷治理工作的具體工作程序和時間要求。

(6)診斷治理責任者。各項目負責人、工作人員的分工及職責。

3. 到現場收集資料，開展調查

企業診斷要憑數據說話，不掌握大量客觀的真實材料則難以做出正確結論，也無法提出切實可行的改革建議。根據不同的診斷治理對象，對所收集資料的內容及要求也不一樣，企業進行全面性診斷治理收集主要資料有：

· 基礎數據資料。包括：企業基本情況、人員結構情況、近三年的財務報表及說明書、科技及新產品情況、生產銷售狀況、市場及產品情況，今後發展規劃及設想，企業規章制度、酬薪制度等等。

· 開展調查收集資料。可組織問卷調查、專項調查、座談會、建立員工意見箱、聽取意見等等。從而收集各方面意見及反映。甚至可以向客戶進行詢問及調查。

· 收集同行業及其他企業的數據資料及其他相關資料。

4. 進行資料的整理、分析與判斷

要核實確認基礎資料數據的全面性、真實性以及指標口徑的一致性，注意財務報告的審計意見。

發現資料數據不實或前後口徑不一致，應根據有關規定進行調

整核實，並徵求有關主管意見。在核實資料的基礎上進行分析研究，運用專門方法與工具進行分析。最後做出正確判斷結論，確認癥結所在。

5. 研究制定企業治理方案

企業診斷目的是治理，是使企業消除弊病健康發展，治理方案制定是關係到診斷治理成功與否的關鍵，全面診斷的治理方案一般應包括以下主要內容：

(1)經營戰略治理方案。企業成功從戰略開始，經營戰略治理內容為：企業任務是否明確，戰略目標是否準確，戰略步驟是否清楚，戰略重點是否突出，戰略措施是否有效，戰略實施和戰略調控是否有力，危機管理是否到位等等都應具體、明確。

(2)組織結構治理方案。傳統的組織設計內容單一，而現代組織設計的一個重要特點是內容全面、程序完整。組織結構治理內容為：組織結構本身的職能設計、框架設計、協調方式設計是否全面、完整，運行制度中的規章制度設計、人員設計、激勵制度設計是否全面、科學，能否保證組織結構正常運行。

(3)人力資源治理方案。人是「萬物之王」，不懂「事在人為」就等於不懂管理。人力資源管理治理方案內容應包括：制定正確的招聘政策、積極招募錄用人才；科學配備人員、保持組織高效；建立科學的考評制度、提高員工對報酬的滿意度；用先進的科學經驗管理員工；加強開展職前教育與員工培訓，提高員工技能水準；培養激勵的溫床，讓員工熱情奉獻；改善溝通技巧，建立堅強的集體。進而提高人的積極性，促進企業健康發展。

(4)資金運營、財務管理治理方案。資金是企業財產物資的貨幣

表現，提高資金使用效果，表明企業的資源得到了有效的利用。財務管理治理方案應包括；資金籌措與運用是否合理；資金運用是否有效；資金預算、資金控制是否得力；資金管理責任制是否明確；資金使用效果如何考核；會計核算、會計報告審核等等。從而提高資金使用效果、實現利潤最大化。

⑸市場行銷及產品治理方案。市場就是戰場，行銷是企業的靈魂和未來。市場行銷治理方案應包括：目標市場的選擇，如何贏得顧客和忠誠，怎樣做好售後服務，保護顧客利益；競爭性策略制定，如進攻型策略、遊擊型策略、防禦型策略、反擊型策略；市場行銷組合策略，如產品策略、定價策略、管道策略、促銷策略如何組合；廣告策略、市場訊息，提高銷售人員素質、擴建銷售隊伍，使產品有廣闊的市場。

⑹生產與運作管理治理方案。生產運作系統就是用人力、物料、設備、技術、資訊、能源、土地、各種資金以及時間的投入，通過物理變化、化學變化、位置變化等轉換過程，產出有形的產品和無形的服務。生產管理的目標一是產量和品質，二是交貨時間，三是成本，四是柔性，即應變能力。生產與運作管理治理方案應包括：生產運作過程的管理是否科學，是否注意「三本」的管理（即以人為本、降低成本及資本運作）；生產管理基礎工作，即標準化、統計、定額、計量、情報資訊、制度、文獻管理、資訊系統是否堅實；成本控制是否有效、怎樣降低成本消除浪費；及時化生產即在需要的時間，按照需要數量、生產需要的產品做得如何；使人們的生產管理達到簡單化、視覺化、高效化。

治理方案的制定應遵循的原則是：切實、可行、簡潔、有效。

切忌形式主義，做到需什麼制度建什麼制度，缺什麼制度補什麼制度。促進生產力發展和效益提高。

6.提出診斷報告

診斷治理報告是診斷治理小組在完成工作後，向被診斷單位提交的，說明診斷目的、程序、標準、依據、結果及治理方案的文件。報告由封面、正文和附錄組成。

報告正文除寫明診斷對象、診斷依據的資料來源、診斷指標體系及方法、採用診斷標準值、診斷責任等外，還應包括對企業基本情況的描述和診斷結果及結論，同時對影響企業經營的外部條件、因素和重要事項也應披露，對目前弊病治理方案，企業未來發展狀況的預測也需弄清楚。

診斷治理報告撰寫要做到真實、準確地反映被診斷單位的健康狀況，工作組成員和專家對診斷的結論和有關結果應進行充分的分析與討論，在撰寫時應注意做到：

· 診斷治理報告要有明確的診斷結果和結論。
· 診斷治理報告要求語言簡潔規範，思路清晰，必要時可用圖表進行分析對比。
· 診斷結論要做到依據充分、表達準確，避免使用模糊、容易產生歧義的文字描述。
· 診斷治理報告要維護企業的商業秘密。

報告完成後由項目負責人簽字（蓋章）。

如果診斷治理由企業自行組織進行，其報告不一定按上述要求進行。通常將診斷問題，問題描述，問題治理等列示清楚即可。

14 生產診斷的進度安排

一、診斷表格之準備

診斷表格之準備,一般都具有一定標準格式,無論由企業填寫
或由診斷人員調查、訪問填寫皆可,對於正式診斷的幫助很大,工
作進行會較迅速與容易。在實際的應用上,大概有下列四種表格。

1.預備診斷表

(1)公司之基本事項

(2)人事資料

(3)固定數據

(4)其他狀況說明

(5)經營型態與管理狀況

(6)診斷重點

2.預備調查表

在正式診斷之前,此「預備調查表」是由廠方或企業先填。診
斷目的之不同,編制項目亦會相異。下列所列四種表格名稱為一般
性診斷之用。

(1)資產負債表

(2)損益計算表及加工成本分析

(3) 費用明細表

(4) 按月營業績效及人員報告

(5) 其他

3. 綜合管理調查表

(1) 企業之性格與特色

(2) 綜合管理之特點

(3) 部門間之關係調查

(4) 決定改善之重點

4. 細部調查表

(1) 外部環境威脅與機會剖析表

(2) 管理幅度檢討表

(3) 管理制度具體化程度及追蹤考核狀況檢討表

(4) 開源節流成效檢討表

(5) 經營企劃力評估表

(6) 營業目標檢討表(產品別)

(7) 營業目標檢討表(部門別)

(8) 營業開拓能力分析表

(9) 市場競爭能力分析表

(10) 市場情報搜集能力分析表

(11) 營業人員成績評核表

(12) 生產規劃與控制系統檢討表

(13) 生產目標與實績檢討表(產品別)

(14) 生產目標與實績檢討表(部門別)

(15) 生產效能檢討表

⑯工廠管理檢討表

⑰生產品質檢討表

⑱數據管理檢討表

⑲內部稽核制度檢討表

⑳預算目標控制檢討表（科目別）

㉑預算目標控制檢討表（部門別）

㉒現金調度計畫與執行狀況表

㉓財務狀況分析表

㉔人力資源結構目標檢討表

㉕人員素質評估表

㉖人力素質改進計畫執行狀況表

㉗人事貢獻及穩定性評估表

㉘生產技術評估表

㉙研究發展投入比較分析表

㉚研究實績檢討表

㉛生產力檢討分析表

二、診斷進度的安排與控制

　　企業診斷的設定、工作項目、與進度和時間的控制、及程序之安排，可參考使用甘特圖（Gannt Chart）。圖 14-1 以甘特圖說明診斷工作項目進行之安排及查核點的情形。

圖 14-1 甘特圖

工作項目	第一日	第二日	第三日	第四日	第五日
1. 預備診斷	▬▬				
2. 正式診斷		▬▬▬▬▬▬▬▬			
3. 綜合調查		▬▬▬▬	* ▬		
4. 部門調查		▬▬▬▬▬		* ▬	
5. 資料彙集與分析	▬▬▬▬▬		* ▬▬▬		
6. 提出診斷報告					▬▬
7. 提出改善方案					▬▬
預定進度累計百分比	15	35	60	85	100

預定核查點	第一天： 第二天： 第三天：(請按日，分項具體說明關鍵性的工作要項。) 第四天： 第五天：

說明：

1. 本圖作為進度控制及檢討之依據。

2. 工作項目：請視診斷性質及需要自行訂定。

3. 預定進度累計百分比：為配合追蹤考核作業所需，累計百分比需視工作性質就以下因素擇一估計訂定： 工作天數， 經費之分配， 工作量之比重， 擬達成目標之具體數字。

4. 預定查核點：每一工作項目請在條形圖上標明*符號，並在預定查核點欄具體註明關鍵性工作要項。

15 現場改善的內容

生產診斷的工作項目，至少有下列：

1. 生產線改善基礎

生產線改善基礎包括兩個方面：生產線平衡和標準作業。生產線平衡是現場改善的指示燈，透過生產線平衡分析，計算出生產線平衡率，這將幫助我們瞭解整個工序流程並找到瓶頸，從而進行生產線平衡的初步改善；標準作業是維持改善成果的基礎，如果只有改善而沒有標準作業，將會造成很多改善資源的損失。

2. 作業改善基礎

作業改善，是指用更科學、更合理的動作和方法，提供必要的工具或夾具，使操作人員更輕鬆、更舒適、更快、更好地完成作業。這是一種相對簡單、成本較低的改善方式。

作業改善的基本法則，包括 ECRS 原則、動作經濟原則、動素分析改善原則、MTM-2 分析改善原則及 MOD 排時法改善原則。

3. 物料作業改善

物料作業改善主要包括兩個方面：物料搬運系統的改善與物料作業配置改善。物料搬運系統是以物料作業的基本原則為基礎，去建立一個高效的物料配送和搬運作業的系統；物料作業配置改善將有助於我們減少非標準作業的浪費，提高物料作業的效率，包括：

(1)重力加料裝置；

(2)取消替代抓取；

(3)工具使用改善；

(4)物料專用道具；

(5)物料存放改善；

(6)自動供料改善。

4.接著接著式生產

接著式生產(Chaku-Chaku line)是日語拼音，中文含義是「裝載-裝載」。它是指生產線的效率已經提升到一定水準，操作人員只需裝上或放入部件即可轉移至下一道工序，無需在操作或卸載上花費任何功夫。這種生產線的操作員在作業時工序都是一個緊接著一個的，所以我們也把它叫做接著接著式生產線。

接著式生產線體現了日本的生產線改善哲學，其含義是建立一條柔性的、高效的、作業人員沒有動作浪費的生產線；Chaku-Chaku line 也是豐田自動化思想的具體實現形式。

實現接著接著式生產線。需要進行 4 個方面的改善：

(1)作業改善；

(2)防錯改善；

(3)自動送出；

(4)自動化。

5.生產佈置優化

生產佈置的優化有很多手段，這裏主要講兩點：一是系統佈置計劃，透過 Muther 的系統佈置計劃能幫助我們更好地解決生產中物流人流的因素，縮短物料搬運和人員移動距離，減少浪費；二是

單元式生產，這種細胞形式的生產線，顛覆了傳統流水線的理念，是一種柔性很高、浪費很少的生產佈置模式，這也是很多日本公司成功的法寶。

6.品質改善活動

品質是企業生存的根本，在市場條件下，企業加強品質管理，重視產品品質已經成為必然的趨勢，而改善則推動企業不斷進步，所以品質改善是企業長期發展的基本動力，開展品質改善活動則是企業不變的主題。品質改善活動包括 8 個方面：

· 改善作業區域清潔狀況；

· 改良機器和夾具的缺陷；

· 消除控制各種變異因素；

· 保持測量工具準確無誤；

· 避免人員作業方法不當；

· 改良產品零件設計缺陷；

· 確保原材料品質的穩定；

· 防錯防呆的方法及裝置。

7. 生產維護改善

生產維護改善主要是指在 TPM 活動中，在進行生產維護活動時，對設備、零件、維護方法、故障處理等多個方面進行改善，對於生產模式是高度自動化、高度機械化的企業來說，生產維護的改善顯得尤為重要。其內容可以歸納為 5 個方面：

(1)消除故障的潛在隱患；

(2)對設備零件的改良；

(3)減少故障次數的改善；

⑷設備維護方法的改善;

⑸設備設計缺陷的改良。

8.快速切換改善

快速切換,簡稱為 SMED(Single Minute Exchange of Die),意為 1 分鐘快速換模,這是一種縮短產品切換時間的理論和方法,是實現柔性生產、生產單元式生產、及時化(JIT)生產等的基礎。

快速切換的推行主要包括 8 個方面:

⑴事前充分準備;

⑵改善設備搬運;

⑶平行作業;

⑷通用化;

⑸道具替代工具;

⑹調整的標準化;

⑺改善切換方法;

⑻簡化取消螺栓。

9.現場 5S 改善

5S 活動是指在生產現場中對人員、機器、材料、方法等生產要素進行有效的管理的活動,5S 活動本身便是對現場的改善,這是現場改善中最基本的改善,而且推動 5S 改善是進行現場管理工作的前提。

現場 5S 的改善主要還是從最基本的 5 個方面去開展:整理、整頓、清潔、清掃、素養,簡簡單單,也沒有什麼深奧的理論,更多的是需要堅持不懈的實踐。

10.人機工程改善

人機工程本身就是對人與資源的結合的改善,而我們所說的人機工程改善主要是指在企業中與生產有關的人機工程的改善。人機工程的改善通常情況下並不會給公司帶來直接效益,而是帶來成本,但是它是一種間接的改善,隨著社會的進步,在企業中的人機工程改善會變得越來越重要。

人機工程的改善,主要包括 9 個方面:

·作業空間設計;
·工作台設計;
·座椅設計;
·手握式工具設計;
·微氣候的設計;
·環境照明設計;
·噪聲環境改善;
·振動的控制;
·減少空氣污染。

16 企業生產部門的診斷案例

一、企業診斷與治理步驟

1. 企業種類：機械製造工業
2. 企業規模：100 至 150 人。
3. 現場診斷日數：4 日。總計 8 日
4. 診斷員：診斷領班，生產管理診斷員，生產技術診斷員，經理診斷員，助理員等 5 人。

　　整體診斷治理的進度及其綱要可以表為典型。整體診斷分為兩大階段，即　預備診斷與　詳細診斷。一般自接受受診工廠之申請後，先對工廠的概況迅速予以認識，並決定「詳細診斷」的方針，例如發現問題點以定診斷重點，診斷組員的組成及日程的擬定。預備診斷完成之後，應立即分給工廠當局，而對於詳細診斷的有關事項，亦同時斟酌研判。

　　假如詳細診斷的內容太大，則須將預備調查表分送有關的診斷員，於診斷實施之前仔細先行檢討。

　　詳細診斷的進行，是先使全體診斷員對經理人員的有關事項先作認識，然後才由各診斷員分別對各有關部門，例如銷售管理、人力資源管理、事務管理等加以檢討。最後則集合全部診斷員，下定

　　整體診斷的結論。

表 16-1　整體診斷進度表

時間		→ — ← 4 小時	數日間	←第 12 日→	←第 34 日→						數日間
實施項目	接受診斷申請	預備診斷	預備調查	綜合管理調查	細部調查				診斷員會　全體診斷員面	診斷員與廠方會面	提出診斷報告
編號		預 1-4	預 1-4	綜 1-2	財│人│物│產│銷 1.2　1　1　1.2.3　1.2						
主要資料			組織圖、經歷表、營業報告表、工廠佈置圖		工廠分析表	作業分析表	損益平衡圖	財務分析表			
負責人	各工廠	助理員	工廠當局	全體診斷員	各細部診斷員		分別同時進行		全體診斷員	診斷員與廠方人員	各診斷員
備註		人員的編成於此期間診斷		對全廠設備及產品迅速瞭解	現場工作				改善方針的決定	概要申述	

二、診斷與治理實施

　　預備診斷的進行可由助理員先將診斷的用意及目的與廠方有關人員概要說明，其實施步驟為：

　　⑴向受診工廠說明診斷的用意。診斷中如牽涉到經營上的秘密，一方面應虛心請教，另一方面固守保密。

　　⑵準備「預備診斷」表格，以配合該廠經營上的特色，即能發現診斷重點。

　　⑶「預備診斷」表格實際付之實施。預備診斷的有關表格可分為兩大類。一為預備診斷表（本例中編號自預 1 至 4），一為預備調查表（本例中編號自調 1 至 4）。茲將其包括的內容及表格實例分別申述如下：

（一）預備診斷調查表

　　為對工廠做概況的認識，其主要診斷項目為：

　　（a）企業的現狀：工廠規模與能力。

　　（b）沿革及現況。

　　（c）營業內容：銷售及生產狀況。

　　（d）經營的特色與性格：經營形態。

　　（e）經營上的問題點及困難點。

　　欲診斷這些問題，往往在實施上有困難，譬如過分於主觀之見解或問題的申述不切實際。因此，下面利用診斷表詳細記錄下列事項，以備進一步分析之用。

(1)公司的基本情況

①公司名稱（本公司、分公司、營業所⋯）

②地址及電話號碼

③負責入

④企業組織形態（獨資、合夥、公司、國有）

⑤資本額

⑥所屬會員（同業公會、學會⋯）

(2)人事資料

①人員一覽表（性質，性別）

(3)固定資產

①佔地面積

②工廠佈置圖

③機械設備（種類、台數）

（以上各項資料可由廠方填入「表預 1」中）

(4)其他狀況說明

①公司的沿革

②資本結構（投資、借用⋯）

③產品特色（加工技術的特色）

④生產狀況的特色（規模、機械與人員的編制、生產能力、品質、作業方法）

⑤銷售狀況的變化（產品種類、銷售路徑、市場需要及競爭關係的變化）

⑥公司的特色（經營方針⋯）

⑦經營上的困難點。

（以上各項資料可由廠方協助填入「表預 2」中）

⑸經營形態與管理狀況

此處著眼於工廠特性的準確性及診斷重點與方向。例如：

①生產形態（產品種類及生產量的多少，產品特性）

②營業形態

③管理狀況（生產管理、業務管理、銷售管理、財務管理的實施狀況）

④財務條件

（以上各項資料可填入「表預 3」中）

⑹診斷重點

由表預 1 至表預 3 對工廠當局的各種基本資料有了概括的認識之後，有關全案診斷的動機，方針與重點問題可做一匯總式的報告。這些資料可填入「表預 4」之中。

表 16-2　預備診斷（預 1）

工廠名稱								
地址				電話				
負責人				創業　　年　　月　　日				
創業形態				資本額				
所屬協會員								

員工人數		長期員工	事務員	技術員	員工	計	臨時工	面積	土地
	男								建築
	女								棟數
	計								

機械設備	種類				
	台數				
	利用程度				

生產狀況	產品種類	生 產 能 力（月平均）	生產積數（月平均）	平 均 每 一 員工 的生產量	衛星工廠的利用程度

銷售關係	範圍	銷售路徑		產品供應關係	
	內銷 % 外銷 %	直接銷售 % 經銷商 % 共同生產 %	貿易商 % 直接外銷 % 共同外銷 %	有無共同生產的工廠	
				有無其他支援	

勞務關係	平均薪金		管理人員	工人	平均	平均年齡	勞動時間
		男					
		女					
		平均					
	薪金制度		固定薪金% 獎金%				

表 16-3　預備診斷（預-2）

1. 公司的沿革及經營的經歷
2. 資本結構
3. 產品（加工技術）特徵
4. 銷售狀誤解變化的特徵
5. 生產狀況變化的特徵
6. 採購狀況與特徵
7. 勞務管理的狀況與特徵
8. 經營的特徵與困難點

表 16-4　預備診斷（預-3）

生產形態	計畫生產 %　訂貨生產 %	多種少量生產　少種少量生產	（種類）		每種產品的月平均生產量
			標準品	特殊品	
營業形態	獨立經營型	衛星工廠生產型	一貫作業型		衛星工廠利用型
	設計　銷售	依靠的程度		本廠	外購
生產管理	管理負責人　有無 生產預定表　有無 管理用表單　有無 工作標準　　有無	檢查制度　　　有無 不良率　　　　% 主要不良原因 材料可用率	主要物料 月平均使用量 電力使用量 燃料使用量		
勞務管理	出勤率　　　% 　　　　　　男 平均出勤年 　　　　　女	教育訓練　實施否 工會　　有　無	娛樂活動 福利設施		
銷售關係	顧客數	退貨數	銷售推廣方法	市場調查	

財務條件	固定資產所有率	土地	%	固定資產評價率	土地	%
		建築	%		建築	%
		設備	%		設備	%
	材料費	有息	%	外購費	有息	%
		無息	%		無息	%
		自給	%		預定	%

財務關係	經營狀況	（月平均）	銷售收款情形		會計師	
		應收賬款	現金	票據	利用　　　不利用	
		應付賬款	進貨付款情形		利用程度	
		材料費	現金	票據	成本計算　實施　未實施 預算控制　實施　未實施	
		存貨			賬簿組織	

表 16-5　預備診斷（預-4）

區分	調查檢討事項	記事
診 斷 動機	1. 對實際問題的合理化的期望	
	2. 遭遇重大困難應予診斷	
	3. 以誘勸的方式豈能改進	
	4. 接受受診工廠的要求	
管 理 狀況	1. 組織團的結構	
	2. 獨家經營	
	3. 各項規章與表單的整理	
	4. 講師的充分利用	
技 術 水準	1. 管理技術（高、中、低）	
	2. 生產技術（高、中、低）	
	3. 作業技術（高、中、低）	
	4. 其他技術（高、中、低）	
經 營 改 善 狀況	1. 前次診斷被接受的情形	
	2. 顧問師的利用情形	
	3. 自行改善的研究情形	
	4. 經營管理的特殊事項	
診 斷 之 重 點	1. 整體性診斷	
	2. 經理階層的診斷	
	3. 生產部門的一般性診斷	
	4. 其他事項	
指 導 意見	1. 熱誠的程度	
	2. 驅使力	
	3. 接受專門性與繼續性指導的程度	
	4. 其他	

(7)預備調查表

於「詳細診斷」實施之前，此處的「預備調查表」應先由廠方填妥。資料的編制按診斷目的的不同而異。此處所列四種表格僅供一般性診斷之用。

①資產負債表（調 1）

②損益計算書及加工成本分析（調 2）

③費用明細表（調 3）

④按月營業績效及人員報告（調 4）

⑤其他資料

表 16-6　預備調查（調-1）

（資產負債人）

資產			本期	前期	增減	負債資本		本期	前期	減
流動資產	現有資產	現金				流動負債	銀行借款			
		應收票據					其他借款			
		應收賬款					應付票據			
		有價證券					應付賬款			
		預付賬款					預收賬款			
		代付賬款					代收賬款			
							應交稅金			
		其他								
	現有資產總額									
	存貨	商品					流動負債總計			
		製成品				提存款	壞賬準備			
		半製品					預存稅款			
		原料					預存退休金			
		貯藏品								
		其他					提存款總計			
	存貨總額									

續表

資產			本期	前期	增減	負債資本		本期	前期	減
流動資產總計						長期負債	長期借款			
固定資產	有形	建築								
		設備								
		工具								
		車輛				長期負債總計				
						自己資本	資本			
	無形	經營權					法定公積金			
		專利權					法定公益金			
		土地使用權					任意公積金			
	投資	對外投資								
		投資證券					上期移來			
		長期放款					本期損益			
						自己資本總計				
固定資產總計										
	開辦費									
資產總計						負債資本總計				

表 16-7　預備調查（調-2）

（利潤計算書）

時期＼項目				本期 自 年 月 日 至 年 月 日	前期 自 年 月 日 至 年 月 日	計	月 平 均
銷售	銷售總額						
	銷售退回						
	銷售淨額						
銷售成本	本期製造成本	材料（＋）（－）	本期購料				
			期初材料				
			合計				
			期末材料				
		本期材料費					
		外購加工費					
		勞務費					
		製造費用					
		本期製造費用計					
		（＋）期初存貨					
		計					
		（－）期末存貨					
		製造費用計					
	（＋）期初在製品						
	計						
	（－）期末在製品						
	銷售成本						
銷售利潤							
營業費用							
管理費用							
營業利潤							
財務費用							
營業外收入							
營業外支出	其他						
本年利潤							

（加工成本及人工費用）

加工成本						
總人工費用						
人工數						
單位	加工成本					
	人工費用					
人工費用/加工成本						

表 16-8 預備調查(調-3)

項目			本期	前期	比率	修正月平均	百分比%	固定費用	變動費用
銷售淨額									
製造費用	材料費	主要材料費							
		次要材料費							
		購入零件費							
		其他							
		小計							
	外加購工								
		小計							
	勞務費	薪金							
		加班費							
		獎金							
		福利金							
		小計							
	衛生保健費								
	交通費								
	消耗品費								
	電力費								
	水費								
	燃料費								
	其他								
	小計								
管理及營業費用	薪金	固定薪金							
		加班費							
		獎金							
		福利費							
		小計							
	衛生保健費								
	運費								
	旅費								
	通信費								
	交際費								
	租金								
	保險費								
	小計								
合計									

表 16-9 預備調查(調-4)

(月別營業成績表)

月別 區分	月	月	月	月	月	月	月	月	月	合計	平均
生產量											
銷售量											
銷售退回											
銷售量淨值											
應收賬款											
應收款餘額											
應付賬款											
應付賬款 材料											
加工											

(月別在職人員表)

月別 區分	月	月	月	月	月	月	月	月	月	合計	平均
本期人員											
前期人員											
本期出勤率											

(二) 詳細診斷的實施要領

對於少數員工而又時間短促的「詳細診斷」，可依下列步驟進行：

1. 聽取概況：預備診斷階段所完成的各項資料的摘要說明；工廠中未診斷部分的概要說明。

2. 工廠參觀：辦公室、倉庫、工廠現場等處的參觀。

3. 綜合管理調查：全體診斷員對廠方綜合管理問題，做全盤性的調查，如發現管理的問題點與經營的困難點。必要時，可請廠方提出實物樣品。

4. 細部調查：各細部的診斷員對相關部門進行調查。例如財務管理、人力資源管理、物料管理、生產管理及銷售管理。

5. 全體診斷員會商：於適當的時期，全體診斷員集合並分別提出簡要調查報告，進而會商，以便達成共同的協議。

6. 診斷員與廠方會商：診斷員於提出診斷報告之前，應將各診斷員所診出的問題點與改善意見先與廠方有關人員會商，征得其原則上的同意。廠方並可藉機提出質詢與期望。

7. 提出診斷報告：先由各診斷員提出細部診斷報告，再匯總成總報告，必要時須與廠方舉辦診斷報告會。

（三） 綜合管理調查表

利用綜合管理調查表，以便診斷下列事項：

1. 企業之性格與特色

所謂企業之性格與特色，包括生產形態，營業形態，設廠條件及營業方針，先天性格，企業的歷史，傳統，企業主管人員及其幹部的個性，員工的氣質，後天性格等。

2. 綜合管理的特點

①企業目標與政策

②組織體系

③整體性計畫

3. 部門間之關係調查

①銷售關係調查（產品種類及銷售概況）

②生產關係調查（生產能力，能量利用程度及生產力）

③財務關係調查（資金關係，財務分析，利益計畫）

4. 決定改善的重點

（四）部分調查表，附在各部分內

表 16-20　綜合管理調查表（綜-1）

區分	調查項目	主要檢討事項
高層經理	1. 經理之經歷	工廠經營的經歷
		對企業界及顧客的影響力
	2. 各部經理	各部門是否有能幹的經理
		部門經理參與企業決策的程度
		專制或家族幹部的弊處
組織與職務	1. 組織團	組織體系是否確立
		人本位或組織本位
		是否推行經理會議及生產會議
	2. 職務	職務說明是否具備
		各部門之責任與權利是否明確
		就業規則服務規定是否具備

續表

區分	調查項目	主要檢討事項
企業目標與政策	1. 企業目標	企業目標是否確立
		員工對企業目標的認識程度如何
		經理對經營的熱心如何
	2. 經營政策	經營政策是否確立
		現行經營政策是否合適
		每月計畫（生產、銷售、財務）的建立方法
	3. 計量管理	是否推行綜合計量管理
		是否利用圖表
		情報報告制度是否確立
銷售關係	1. 產品	各類產品的特徵如何
		品質、設計、價格的關係如何
	2. 組織及銷售	銷售網、顧客、銷售組織及銷售員的能力等問題
	3. 銷售方針	最近市場變動狀況
		應付市場變動的對策及方法
		賒銷情形及收款對策
		顧客性質的增加情形

表 16-21　綜合管理調查表（綜-2）

區分	調查項目	主要檢討事項
生產關係	1. 能量利用度	生產能力與生產績效的比較
		生產能力與薪金的比較
	2. 成本	成本結構及降低成本的重點
		降低成本的目標
	3. 採購及投標	採購方式（品質、價格、交貨期）
		外購方針（與自製的關係）
	4. 生產管理	生產計畫的建立方法
		工程管理的方式與機構
		作業標準（方法與時間）的制定
		不良率及可用率
	5. 勞務管理	對員工的態度與方針
		就業規則與薪金制度
財務關係	1. 資金關係	借入資金的狀況
		借入資金的能力（金融機關的關係）
	2. 財務分析	勞工生產力
		獲益力分析
		穩定性分析
		資金的運用方法縣否適當
	3. 利潤計畫	損益點分析
		決定生產目標
	4. 資金計畫	資金來源去路表
		長期計畫與資金表
改善的重點	1. 綜合觀點	經理的態度是否適當
		經營方針是否合理
	2. 個別觀點	生產、銷售、財務部門有何缺點
		各部門務須改善之處
	3. 其他	要否擴張計畫
		要否借用資金
		其他須加檢討的問題

17 企業生產部門的診斷報告

自 2016 年對 XX 機械廠進行診斷治理。現將診斷問題、病因分析、治理對策報告如下：

表 17-1　企業診斷治理報告書

編號：XXXX

委託人	XX 機械廠	委託 日期	2016年 5月10日	報告 日期	2016年 5月30日
診斷前概況與診斷進程	診斷前該廠管理制度不健全、執行不力，業績考核不嚴格，品質不標準，指示貫徹不下去，管理基礎薄弱。人員素質差、離職率高等等。 通過發放問卷調查，深入生產現場與職工座談，查閱有關記錄資料。並同有關管理人員交換意見。				
診斷結果主要弊病	見附表問題點。				
治理方案措施與辦法	建立、健全必要的規章制度，加強對職工教育，提高職工素質，詳見附表治理對策。				
建議	主管應重視制度建設及職工業務素質教育，做好人力資源管理。				
附件	計5頁				

企業診斷單位（蓋章）：XXX　　　　　　　　　　診斷人員（蓋章）：XXX

表 17-2　企業診斷治理明細表

項次	問題點	問題點描述	病因分析	治理對策
1	人員素質不高	(1)某些崗位的人員力不從心 (2)進廠不足1年的員工佔73.4% (3)企管人員的文化程度太低，大專以上的只佔企管人員的10%	(1)沒有把關鍵崗位、重要崗位區分開來，工資待遇等方面差距不明顯 (2)優秀人員留不住	(1)工作崗位分級 (2)人員崗位資格評審制度 (3)改革幹部作業制度，實行目標責任制，優化工作環境
2	凝聚力差	離職率高	(1)扣款原因不明確 (2)管理幹部對工人管理方法簡單、粗暴 (3)工資發放遲緩	(1)成本核算方式重整，把扣損耗落實到個人 (2)建立電腦化核算系統 (3)重新審定工時定額
3	原始記錄缺乏真實性和不規範	(1)無原始記錄存檔，記錄的隨意性大 (2)有的產品用粉筆寫在支架上或隨便撕一個紙條寫上個數	(1)從公司來講，就不重視原始記錄的作用，也沒有按照ISO的要求。對原始記錄進行存檔保管，使之無法查詢 (2)記數不規範，無規範表單	(1)按ISO建立起來的品質體系要求的品質記錄進行檢查、補充、改進，使之對現狀有更大的適用性 (2)嚴格計數、檢驗紀律，設立「隨工單」、「產品標識卡」，（見附件） (3)將計數工作統一管理

續表

項次	問題點	問題點描述	病因分析	治理對策
4	生產調度協調不力	(1)月計畫完不成，只能達到70%； (2)完不成計畫也沒什麼關係	(1)人力調配、設備安排不當 (2)物料供應不充分 (3)人員的勞動狀態不佳，效率低 (4)沒有生產定額	(1)應合理安排人力、對設備的配套性進行整合，對設備、模具建立台賬、制度、保養規定 (2)建立清晰的BOM單，徹底盤清、盤實倉庫物料，按BOM單計畫物料；對佔80%比例的產品優先安排，固定專人、專機生產，同時制定出品種的工時定額 (3)改善勞動環境以及按改革的主線條實施，同時加強員工的培訓 (4)分品種、規格，制定生產定額
5	罰的多獎的少	(1)扣損耗不明白 (2)工作計畫上通篇講如何罰、罰多少	(1)在管理理念上以罰為主而且處罰的隨意性很大，缺乏統一的獎罰規定 (2)缺乏必要的教育	(1)應制定全公司統一的「員工獎罰條例」，各分廠的處罰不能偏離此條例，做到公開、公正 (2)召開工廠班前會，多進行表彰、批評相結合 (3)幹部規定的一定自己先做到

項次	問題點	問題點描述	病因分析	治理對策
6	有章不循或無章可循	(1) 分廠相關的制度不完善 (2) 違反規定（如在廠內穿拖鞋，光上身）無人管	(1) 沒有針對本分廠具體情況，制定相應的制度（如分廠級的設備，模具管理制度，保養制度，品質責任制等） (2) 分廠與各部門的介面問題處理得不好（如品質問題）；領導幹部對員工進行遵守規章制度的教育不夠，執法不嚴，甚至個別人不能以身作則	(1) 針對分廠情況制定：「設備管理制度」、「設備模具保養制度」、「設備檔案」、「分廠廠長品質責任制」、「分廠品質主管品質責任制」、「分廠生產主任品質責任制」、「分廠質檢員品質責任制」等 (2) 在ISO9002品質體系內審時要特別強調各部門之間的介面問題，要用文件規定下來 (3) 加強幹部的培訓和教育
7	管理人員缺乏激勵	管理壓力不大，犯錯也沒有什麼大不了的，不就是扣款嘛	(1) 管理幹部缺少獎勵，競爭淘汰機制 (2) 所有工作是由人去做的，而管理幹部是發揮整個組織功能的關鍵，無論是用「恩」還是用「威」的方式，均必須達到其最好的積極性	(1) 招用層次高、素質好的一些幹部 (2) 幹部輪調，可上可下制度，設置職務代理人，適當營造幹部人員的危機意識，與此同時建設企業文化，歸屬感和危機感並舉

續表

項次	問題點	問題點描述	病因分析	治理對策
8	業績考核不力	⑴無管理目標責任制 ⑵無考核辦法 ⑶「有一些人」可能誰也不敢動	⑴管理幹部的積極性不大 ⑵無法考核，誰來考核？人力資源管理部門（人事）管理不力 ⑶關係網	⑴制定「管理目標責任制」，使管理者感到有希望，有一個目標去爭取；達到——獎，達不到——罰。再達不到——撤，獎罰分明，人都是有上進心和積極性的 ⑵應加強人力資源（人事）部門的管理，要配備專門的幹部考核人員，要將考核的成績公佈出去。是要事業，還是留人情
9	對設備、模具管理不足	無管理台賬、維修計畫和保養項目記錄	⑴分廠無專人負責設備和模具管理人員（現在是品質主管抓） ⑵維修力量薄弱，維修費用納入扣損耗中 ⑶新工人多，得不到正確的培訓	⑴對設備較多的分廠，應因地制宜地設置一名主管設備的主管。按其職責工作 ⑵維修工普遍文化程度低，又要兼管品質檢查，無品質意識 ⑶新工人進廠要有試用期，特別是對機械衝壓設備要求進行現場考核及操作規程的考核。不合格者不能錄用

續表

項次	問題點	問題點描述	病因分析	治理對策
10	現場管理亂	物料、半成品、成品堆放無規定,掛的牌子和實際不一樣,只是為應付檢查	⑴幹部的管理意識不強,缺乏正確的管理理念 ⑵合理計畫物料不夠,生產流程不合理 ⑶主管不重視或熟視無睹	⑴對管理幹部加強培訓和教育,特別強調以身作則的作用 ⑵按計劃領料,並組織生產,及時對現場進行清理、整理,把不用、不能用、不合格的物料清出現場,放到應放的區域,以免拿錯料,造成不合格品的上升 ⑶開展「5S」活動。領導必須親自去做,否則沒有效果
11	命令系統失效	⑴老闆的命令被打折扣 ⑵老闆的要求在一段時間後被遺忘 ⑶廠規廠紀、ISO9002體系得不到實質性的執行和落實	⑴有些幹部可能認為公司離不開他 ⑵老闆的要求是否夾雜過嚴的因素 ⑶廠規廠紀、ISO9002體系是否有太理想之要求	⑴命令事項的結果跟蹤應有始有終,保證命令的嚴肅性 ⑵制度重審
12	次料,新舊料混線生產	⑴品質不良的原因之一 ⑵分選時造成工時的浪費	⑴生產主任缺少判斷力和用科學的方法確定效率 ⑵效率意識、品質意識薄弱	⑴管理責任加強

續表

項次	問題點	問題點描述	病因分析	治理對策
13	檢驗標準不全、不充分	僅有外觀檢驗標準。而無功能判斷依據	⑴誰在追究標準制定者的責任 ⑵老闆一句「為什麼缺少這個標準」對責任人有多少壓力，他會不會去做出來 ⑶老闆的要求是否能有效被執行	加強命令系統
14	轉序管理不完備	轉序介面管理不完備	⑴無轉序交接及驗收規定 ⑵無轉序檢驗的品質標準和抽樣方法，即便有，也執行得不力 ⑶轉序產品的送達計劃性不強	⑴制定轉序產品驗收、點數規定，強調員工的品質和數量意識 ⑵質檢部儘快完善檢驗標準及抽樣方法，並進行一定的必要的培訓，合格者才能上崗 ⑶根據工時定額和交期，生產主管實行看板管理，合理安排轉序產品的運達和驗收計數，並切實跟蹤和加強培訓
15	技術文件不全	符合技術卡要求的只佔35.2%	各級主管都不重視，認為可有可無	技術部應完善技術卡

續表

項次	問題點	問題點描述	病因分析	治理對策
16	工廠沒有實行核算員制度	無法提供單位、規格品種的單位成本的準確數據	⑴工廠沒有產品明細分類賬，提供不了半成品、成品的明細記錄 ⑵盈不補、虧作為損耗扣除 ⑶原材料、半成品報廢手續不完備	⑴工廠應建立材料、半成品、成品明細賬目 ⑵制定管理的損耗標準 ⑶完善報廢制度

心得欄

18 生產現場的診斷方案

為了不斷提高生產效率，減少生產過程中的浪費，使生產現場資源得到合理配置和利用，營造整潔有序的生產環境，降低發生安全事故的可能性，特制定本方案。

本方案適用於生產現場的診斷、改善活動。

一、診斷準備

生產部經理負責組織建立生產現場診斷小組，並擔任組長。小組成員包括生產主管、工廠主任、班組長等。

本次診斷採用現場觀察法與訪談法相結合的辦法，透過診斷小組成員自己的觀察及與作業人員的交談獲得生產現場的相關信息，然後根據這些信息對生產現場進行診斷。

1. 本次診斷活動起止時間為 9 月 1 日～9 月 20 日。

2. 診斷各階段的起止時間如下。

⑴診斷準備階段為 9 月 1 日～9 月 5 日。

⑵診斷實施階段為 9 月 6 日～9 月 15 日。

⑶診斷收尾階段為 9 月 16 日～9 月 20 日。

二、診斷實施

本次生產現場診斷的主要調查內容如下表所示。

表 18-1　生產現場診斷主要調查內容

項目	具體調查內容
安全生產	1. 環境衛生、廠容、工廠和工作地的整潔情況 2. 各種物品的定置情況 3. 安全設施和安全規章的執行情況等
勞動條件	生產現場的照明、粉塵、溫濕度、雜訊、通風狀況和員工的勞動強度等
目視管理	1. 崗位責任制的公佈情況 2. 工作任務及完成程度的公佈情況 3. 作業規程和標準的公佈情況 4. 定置圖的公佈情況 5. 各種物品的彩色標誌的公佈情況 6. 安全生產標誌的公佈情況 7. 現場作業人員的著裝情況等
生產技術 及 產品品質	1. 生產技術的機械化和自動化水準 2. 產品或零件的技術精度和難度 3. 產品或零件的合格率和返修率 4. 技術文件、檢驗標準的執行情況和變動程度 5. 操作人員的技術水準和熟練程度 6. 工序品質控制點的管理狀況等
現場物流	1. 生產現場所採用的生產空間組織形式的合理性 2. 設備佈置的合理性 3. 物流路線和運輸路線的合理性等
設備管理	1. 設備的新度、精度等 2. 設備的管理狀況與品質情況等
現場改善	1. 在製品的品質、數量狀況及檢驗方法的合理性 2. 合格品、殘次品的堆放與隔離情況 3. 在製品的堆放位置、方法和轉移手續的合理性 4. 作業計劃下達的及時性等
人員管理	1. 作業人員的基本情況 2. 作業人員的技術水準情況 3. 作業人員的精神狀態、熱情、工作效率和工作緊張程度 4. 作業人員對生產現場紀律的遵守狀況等

表 18-2　生產現場診斷內容和診斷要素說明

分類	項目	具體說明
診斷內容	品質	產品品質是否存在異常、異常的表現是什麼、導致異常的原因有那些
	成本	成本指標是否在合理的範圍內、成本異常的表現是什麼、導致成本異常的原因有那些
	交期	產品交期是否存在延遲、延遲的頻率是多少、導致延遲的原因有那些
	安全	安全方面是否存在隱患、表現形式是什麼、出現隱患的原因有那些
	效率	工作效率是否能夠維持在較高水準、工作效率低下的表現形式是什麼、導致工作效率低下的原因有那些
	士氣	員工的士氣是否高漲、士氣低下的具體表現有那些、導致士氣低下的原因有那些
診斷要素	人	・指生產現場所有人員，包括生產主管、工廠班組長、生產一線員工以及其他人員 ・對「人」的關注應側重於現場人員的操作能力、協作程度、積極性及管理方法等
	機	・指生產中所使用的設備、輔助生產工具等 ・對「機」的關注應側重於機器設備的品質好壞、持續運轉時間、故障率及維護保養等內容
	料	・指原料、配料、半成品、產成品等 ・對「料」的關注應側重於各種原料和成品的堆放秩序、堆放時間、堆放成本及品質合格程度等內容
	法	・指生產現場應遵循的規章制度，包括生產計劃、技術指導書、作業標準、圖紙等 ・對「法」的關注應側重於現場操作人員的違「法」頻率、違「法」成本及違「法」時間等內容
	環	・指生產現場的工作環境 ・對「環」的關注應側重於相關環境指標對生產的影響程度、各項環境指標的達標成本、各項環境指標符合標準的持續時間、環境安全及環境污染等

三、診斷結果

1. 診斷小組整理所收集到的各項資料，並對其進行分析。

2. 根據分析結果，診斷小組與作業人員共同提出改進建議，並制訂改進實施計劃。

3. 診斷小組編制生產現場診斷報告交工廠總經理審批，報告應包含以下七部份內容。

⑴現狀概述。

⑵診斷組織機構。

⑶診斷方法。

⑷診斷實施步驟。

⑸診斷結果分析。

⑹建議改進措施。

⑺診斷數據資料。

4. 生產現場診斷報告經工廠總經理審批後，生產部門應根據改進建議制定並實施相應的改進措施。

表 18-3 生產現場常見問題一覽表

問題類型	問題表現	產生原因
品質	1. 制程、樣品、成品檢驗的不合格率居高不下 2. 制程、樣品、成品檢驗的品質不穩定或存在變化 3. 制程不良率居高不下 4. 客戶頻繁退換貨	1. 生產機器與設備出現異常 2. 原材料品質不穩或存在變化 3. 作業方法存在變化 4. 作業環境存在問題 5. 現場管理措施不善 6. 作業員工技能水準低 7. 生產計劃、調度等人員品質意識不強
成本	1. 成本居高不下或忽高忽低 2. 成本過低，產品品質不達標 3. 同類產品在不同生產時段和生產線的成本出現較大差異	1. 生產過程存在大量浪費現象，包括因設備故障、品質故障及物流產生的浪費等 2. 人工成本的增加 3. 原料、配料成本的增加 4. 現場管理不善
交期	1. 交期延遲情況頻發 2. 產品已按時生產，卻存在現場，導致交期延後	1. 生產計劃不合理 2. 現場物流不暢 3. 生產進度不明確 4. 對交期的監督不力
安全	1. 安全事故頻發 2. 頻頻發現安全隱患	1. 相關人員安全意識低下 2. 安全管理和監督措施不得力 3. 安全設施不到位或運作過程中出現異常
效率	1. 生產效率持續低下 2. 生產效率隨著時間段和班組的不同而忽高忽低，穩定性差	1. 由於各種原因導致生產員工的工作積極性低 2. 工作流程等現場管理措施不當
士氣	1. 員工工作積極性不高 2. 員工團隊意識和協作意識差，衝突不斷 3. 生產現場管理人員工作繁忙卻效率低下	1. 員工缺乏必要的培訓 2. 員工福利待遇或其他方面存在問題

19 生產現場的診斷報告

一、總則

目前，企業所面臨的形勢，主要有兩個方面的特點：一是國內外的市場環境趨於冷清；二是原材料的價格一路上漲，而產品的售價卻由於競爭的加劇有下跌的可能。

為了應對上述局面，應該在生產現場管理上狠下工夫，提高生產一線人員及管理人員的工作效率，將產品生產過程中的浪費降至最低，以此來消除外部環境給工廠經營帶來的負面影響。

基於以上情況，工廠應該對生產現場開展一次全面、徹底的診斷行動。

加強生產現場管理的必要性主要表現在以下五個方面。

1. 實施標準化的作業流程，提高產品的品質。

2. 減少不必要的環節，提高生產效率，間接降低生產成本。

3. 確保生產現場資源得到合理的配置和使用，減少浪費。

4. 保持生產現場的整潔有序，給來廠參觀的客戶留下良好的印象。

5. 將發生安全事故的可能性降至最低。

二、現場診斷的方法與步驟

此次現場診斷主要採用現場觀察法與訪談法相結合的辦法，即

透過診斷小組成員的觀察以及與生產一線操作人員和工廠管理人員的交談，來獲得生產現場的相關信息。

表 19-1　現場診斷步驟及工作內容

現場診斷階段	具體內容	具體時間
準備階段	1. 組建診斷小組	
	2. 確定現場管理需要達到的目標	
	3. 制訂調查計劃並確定訪談的主要內容	
實施階段	1. 調研生產現場的環境管理狀況	
	2. 調研生產現場的標準化管理狀況	
	3. 調研生產現場的物料管理狀況	
	4. 調研生產現場的生產成本管理狀況	
	5. 調研生產現場的產品品質管理狀況	
	6. 調研生產現場的設備管理狀況	
	7. 調研生產現場的改善管理狀況	
	8. 調研生產現場的安全管理狀況	
	9. 調研生產現場的人員管理狀況	
收尾階段	1. 整理收集到的資料	
	2. 對資料進行分析	
	3. 根據分析結果提出改進建議與意見並形成報告	

三、調研結果分析

透過這次現場診斷活動，診斷小組發現工廠的現場管理存在以下問題。

(一)環境管理方面

生產現場的環境衛生狀況良好，但現場的雜訊過大，導致在現場長時間作業的操作人員容易耳鳴、頭暈、噁心，不利於員工的身心健康。所以，降低生產現場的雜訊將成為現場環境管理工作的重點。

(二)標準化管理方面

在生產現場，工廠資深員工(入職時間在 6 個月以上的員工)都能按照生產的標準文件進行操作，而新員工(進工廠時間未滿 6 個月的員工)都未能按工廠標準文件的要求進行操作。

(三)物料管理方面

在本次診斷中，生產現場的物料管理狀況最糟糕，主要表現在以下三個方面。

1. 物料放置過於隨意，以至於作業人員很難快速找到所需的物料。

2. 原料與成品的擺放並沒有清晰的界限。

3. 工廠走道裏堆滿物料，以至於作業人員在工廠行走不順暢。

(四)生產成本管理方面

生產成本管理也是存在問題比較多的一個方面，主要問題表現在以下兩個方面。

1. 作業人員對技術掌握得不全面，生產出的產品存在品質問題，導致下一道工序必須加大工作量或進行額外的返工返修工作。

2. 質檢部門對產品的檢驗存在漏洞，導致部份產品成批報廢。

(五)品質管理方面

由於工廠一直比較重視產品品質，現場品質控制工作開展得比

較到位。但與其他著名同類生產廠商相比，我們還存在不足，仍然有待提高。

（六）設備管理方面

在生產現場中，所有設備都按工廠規定設置了設備標牌與點檢、維護記錄單，存在的問題主要有以下兩點。

1. 有些設備的標牌不易找到。

2. 維護記錄並不連續、及時，有些記錄只是敷衍了事。

（七）改善管理方面

工廠在前一段時間推行的 5S 管理只是在表面上比原來有了較大進步，並沒有真正落實到位；同時，本次診斷中發現部份員工對 5S 的推行有抵觸情緒。

（八）安全管理方面

透過本次現場診斷，我們發現工廠生產現場的安全管理工作主要存在以下兩個問題。

1. 生產作業人員能隨意動用工廠中可能存在安全隱患的設備。

2. 如操作不當，工廠所用的原材料可能會發生爆炸事故，而新進工廠的生產操作人員並沒有真正意識到工廠所強調的安全操作和按規範操作等規定的重要性。

（九）人員管理方面

在此次現場診斷中，我們還發現生產現場的部份管理人員在指導作業人員的過程中，有時會過於簡單、粗暴，而不講究方法、策略。

四、建議改進措施

1. 採取措施降低現場的雜訊。由生產部門與技術部門共同努

力，透過對設備進行技術改造，設法降低生產現場的雜訊，給生產員工營造一個舒適的作業環境。

2. 加強對生產人員的培訓。具體內容主要包括以下三個方面。

⑴必須加強對新員工標準化操作的培訓並定期檢查，經考核合格或達到要求後方允許上崗。

⑵加強對所有生產人員在生產技能方面的培訓，減少生產中的浪費現象。

⑶加強對所有生產人員在安全作業方面的培訓，提高生產人員的安全意識。必須指定經驗豐富的人員操作可能造成安全事故的設備，除指定人員外，其他生產人員一律不得擅自動用這些設備。

3. 質檢部門完善檢驗程序，特別是成品與半成品的首件檢驗程序，以免造成產品的成批報廢。

4. 所有設備的標牌必須貼在顯眼的地方；設備的點檢標識必須清晰、明瞭；設備維護記錄必須連續、及時，並有維護保養人員和現場主管的簽字確認。

5. 把生產現場的作業區用不同的顏色劃分並掛上醒目的看板（如原料區、半成品區、零配件區、成品區等），實現材料、產品的定置管理。

6. 加大對 9S 管理的推廣力度，建議在幾個工廠或班組中舉辦競賽，獎勵那些達到 9S 規定標準的工廠或班組，並對沒有達到標準的工廠或班組實施懲處。

7. 加強對生產現場基層管理人員的培訓，提升其溝通能力、問題解決能力與管理水準，逐步改善其工作方法。

20 A 企業的製造過程現狀

A 企業是重型汽車行業的骨幹企業，屬於大型企業。公司始建於 1968 年，經過 40 多年的發展，目前具有完整的產品設計、生產製造、檢測調試和監測系統，產品覆蓋軍用越野車、重型載貨車和高檔客車三大類 15 個系列 150 多個品種。

一、A 公司現行的生產方式

A 公司現行的生產管理方式源於 20 世紀 80 年代機械工業部所制訂的傳統模式，經歷了改革開放和市場洗禮，有一定的變化，現在是計劃與市場相結合的方式。公司現行的生產方式是由其生產任務決定。公司現在的生產任務分為軍品和民品兩類產品，軍品嚴格按計劃生產，即上一年底制訂出下一年的年生產任務，下一年按計劃生產，每年的計劃通常數量變化不大，變化部份也就是軍品品種或數量的極小變動；民品分為按計劃生產和按訂單生產兩類。民品的計劃主要依靠計劃員按經驗憑直覺進行協調，制訂出各月的生產任務並投入生產。所謂的直覺是指根據前一個月的銷售狀況而估算的一個趨勢值。民品的訂單則是面向市場的部份，這一部份在銷售公司與客戶簽訂的合約或談成意向後下達的生產任務。

二、A 公司現狀

1. 生產情況

A 公司現行的生產方式下，生產任務相對均衡，當沒有銷售指標時，工廠繼續進行生產以減輕生產任務集中時的壓力，這時工廠以生產一定數量的各類成品車和大量的半成品車（即二類車）為生產任務，這樣不會產生生產任務時鬆時緊，加班作業和休假輪換的情況，但也造成了庫存的增加以及資金的佔用。公司的成品車，包括二類車（即半成品車）的生產裝配完成後，買方在訂車合約中往往對某些大件，例如，生產廠家、出廠批次等因自己的喜好或習慣有一些特殊的要求。這常常使得已入庫的成品或半成品返回總裝線拆卸後進行重裝，這樣不但會使得工序增加，成本提高，而且也常常會因一些破壞性的拆除或磕碰而產生一些不必要的損失。

2. 庫存情況

A 公司的零件庫存按外購件和自產件分類存放，外購件是指由協作廠、合作廠採購來的零件，它存放於配套庫。在 A 公司，自產零件種類較多，但多為一些小件、通用件和技術難度不是太大的零件。絕大多數的大件均來自協作廠。採購件與自產件的比例大概為 7：3。

配套庫的分類按 A、B、C 分類進行，所謂 ABC 法，也就是零件的資金佔用量大小法，公司零件分類如下：

A. 甲類件（重要大件）單價≥1000 元

B. 乙類件（次要中件）100 元≤單價＜1000 元

C. 丙類件（小件）單價＜100 元

其中各種類的品種數量和資金佔用量如下表所示。

表 20-1　2007 年第一季各種類別的品種數量和資金佔用量

類別	品種數/種	消耗金額/元	佔總消耗金額的比例/%
A	148	2541	39.03
B	439	2277	34.97
C	2236	1692	25.99

另外，在 2006 年的年終報表中，公司的工業總產值為 96267 萬元，銷售收入為 97639 萬元，資金總額為 168773 萬元，庫存資金佔用 23268 萬元，淨利潤 1455 萬元。其中庫存包括產成品車、半成品車、零配件庫存等存貨。

3.供應商情況

公司的協作廠和合作廠分佈在全國各地，東北、華東、華南、西南均已涉及。個別的合作廠分佈在公司週圍較近的區域。根據統計，在公司的總裝線上，有 60%為外購件，在內裝線有 75%以上零件為外購件。

4.品質情況

對公司 2007 年 1～4 月份延遲生產問題出現的頻率高低和輕重統計如下：A 類件共缺少 10 種 84 件；B 類件共缺少 14 種 176 件；C 類件共產生品質問題 31 件/次；裝配線出現問題 2 次。

這些問題的出現，常常導致公司每月都有一定數量的車未能按計劃下線和入庫，延遲公司產品的交貨時間。

21 A企業的生產診斷調查

一、生產系統診斷調查表

序號	診斷項目	診斷記錄	問題點
1	各種與產品生產有關的制度是否已建立		
2	制度的執行是否到位，那些制度執行不力、阻力來自何方		
3	相關部門協調配合程度，協調不好的原因		
4	生產部門內部的利益分配合理性、存在那些問題		
5	生產部是否開展經常的培訓來提高業務人員的業務素質，最近一年培訓多少次		
6	生產部有無自己的外協網路及延伸的深度		
7	生產部門人員的控制方式與控製程度是否恰當		
8	生產部各層次人員素質情況		
9	生產人員的技術組成狀況，能否適應現代生產的要求		
10	生產設備配備情況，能否適應生產要求		
11	企業生產能力(年品質或產值)多大，實際生產能力完成多少		

二、生產運作管理診斷調查表

區分	調查項目	主要調查事項	記事
作業分析	1. 工程分析（主要產品）	把握改善重點	
		改善著眼點的實例	
	2. 工作研究（主要工程）	工作條件與動作改善	
		訂定標準時間（實例表示）	
	3. 工作率分析	機械工作率、把握工作效率	
		寬放率及效率標準的控制	
人員設備建築	1. 工作者（職種、技術別）	各部門各工程能力的均衡	
		技術的合適性及其訓練	
	2. 機械設備（台數、能力）	工程別能力的均衡、精確度的合適性	
		過忙或閒暇分析	
		機械工作率是否合適	
	3. 工廠佈置（設備、建築）	流程圖工廠佈置是否合適	
		工作面積及工作環境是否合適	
設計	1. 設計管理	設計改善與降低成本的關係	
		生產設計的實施情形	
	2. 產品研究	提高產品品質問題	
		其他公司同類產品品質的比較	
生產計劃	1. 一般情形	由誰、以何方法立案的	
		銷售計劃及資金計費是否配合	
	2. 程序計劃	工程程序的指定問題	
		標準工作量的確定	
	3. 日程計劃	目前負荷量的控制	
		裝配順序、寬放時間的考慮、緩急順序的決定	
	4. 工時計劃	生產預定案與工時的配合	
		工時太多或不足的對策	

工程管理	1. 生產預定表	部門別、產品別的工程進度指示	
		何範圍的人員認識此進度	
	2. 進度管理完成品管理	預定的進度表與實際績效相較	
		工作單迅速確實的傳送	
		完成品的收付與保管	
	3. 績效資料	每日生品質與工作時間的記錄	
		生產計劃與成本計算的利用	
	4. 管理機械	計劃的統一管理	
		辦公室與現場的控制	
		舉行生產會議與工作會議	
	5. 表　單	所使用表單的梯式是否合適	
		預定表與進度表的式樣	
		書寫制度	
工作管理	1. 工作標準	是否訂有工作標準	
		是否清楚	
		工作條件與時間是否指示	
		工作標準的形式	
	2. 工作指導	工作者的指導方法與程度	
		工作者的委任是否充分	
		品質與生產的管理	
	3. 工作改善	工作簡化、對工具與設備改良	
		積極改善的實例	
		獎勵工作改善的實例	
	4. 整理整頓	整理整頓是否充分	
		不良品與廢料是否散亂	

續表

檢查	1. 檢查方法	檢查基準是否合適	
		收貨檢查與工程檢查	
		檢查者及檢查制度	
		檢查工具是否合適	
	2. 不良率	檢查結果的記錄	
		不良率的工程別、原因別	
		不良品的處置及防止對策	
		現在的不良率是否太高	
	3. 可用率	總體可用率	
		應付可用率提高的對策	
機械工具管理	1. 機械設備管理	管理的負責人	
		預防保養	
		定期檢查的實施	
	2. 工具管理	工具的研磨等管理	
		工具的保管是否適當	
		外借工具是否確實記錄	
	3. 工具類型	設計、採購、製造的方法是否適當	
		保管方法是否適當、負責人是誰	
動力原料	1. 電力	電力管理的重點	
		節省電力的對策	
	2. 燃料	燃料費的比例、成本、單位消費量及管理重點	
工作環境	1. 搬運管理	搬運工具的利用、通路狀態	
	2. 環境條件	影響工作的條件如何	
		是否有適當的管理	
	3. 安全管理	有無安全統計、安全對策	
		火災的防止是否適當	

三、製造管理診斷調查表

項目	題目 (提問點及症狀)	答題方式	給分標準	選擇	得分
1. 生產 排程	⑴生產計劃執行完成率＿＿	A.95%～100% B.90%～95% C.85%～90% D.85%以下	A＝3 B＝2 C＝1 D＝0		
	⑵有無《生產排程管理辦法》及相關規定	A.有　B.無	A＝2 B＝0		
	⑶有無執行《生產排程管理辦法》？（執行效果力度如何？）	A.未執行 B.偶爾執行 C.通常執行 D.嚴格執行	A＝0 B＝1 C＝2 D＝3		
2. 生產 線存 貨管 理	⑴有無成立專門委員會或相關組織推行5S(標識、區域規範等)	A.有 B.無	A＝2 B＝0		
	⑵物料、在製品在工廠有無按區域標識分區存放	A.有 B.大部份 C.無	A＝2 B＝1 C＝0		
	⑶在製品轉序有無流轉單據	A.有　B.無	A＝2 B＝0		
	⑷物料領用，發放是否按生產排程執行	A.是 B.大部份是 C.不是	A＝2 B＝1 C＝0		
	⑸不配套積壓產品是否得到退料和及時處理	A.是 B.大部份是 C.未	A＝2 B＝1 C＝0		
3. 生產 進度 管制	⑴有無《在製品、材料進銷存台賬》和《出貨進銷存台賬》	A.有　B.無	A＝2 B＝0		

續表

分類	項目	選項	評分		
4. 生產 技術 管理	(1)有無作業指導書	A.有　　B.無	A＝2 B＝0		
	(2)有無設備定期維護保養計劃	A.有　　B.無	A＝2 B＝0		
5. 設備 技術 管理	⑴有無建立設備台賬?(如設 備一覽表、設備履歷表等)	A.有　　B.無	A＝2 B＝0		
	(2)有無建立模具台賬	A.有　　B.無	A＝2 B＝0		
	(3)有無建立《模具領用發放管 理辦法》	A.有　　B.無	A＝2 B＝0		
	(4)機器設備有無懸掛操作說明 書	A.有　　B.無	A＝2 B＝0		
6. 多能 工訓 練	⑴在重要工序或關鍵工序有無 多能工訓練	A.有　　B.無	A＝2 B＝0		
	⑵特殊工序有無多能工訓練	A.有　　B.無	A＝2 B＝0		
	⑶有無多能工訓練計劃	A.有　　B.無	A＝2 B＝0		
7. 生產 效率	⑴有無設備IE工程師,開展流 程改造、技術改進工作	A.有　　B.無	A＝2 B＝0		
	⑵是否存在瓶頸工序和工序能 力不平衡	A.有　　B.無	A＝2 B＝0		
	⑶是否有工序產能規劃或有無 書面的產能定額	A.有　　B.無	A＝2 B＝0		
	⑷有無定期或不定期生產協調 會或建立生產例會制度	A.有　　B.無	A＝2 B＝0		
8. 品質 管制	⑴物料過程損耗是否與個人薪 資掛鉤或有無落實到生產一 線員工,損耗水準有無與相關 企管員的收入掛鉤	A.全有 B.部份有 C.無	A＝2 B＝1 C＝0		
	⑵不合格品處理權責是否明 確?有無形成書面制度文件	A.明確,有書面文件 B.其他	A＝2 B＝0		

續表

8. 品質 管制	⑶不合格品是否被標識、隔離 或管制	A. 管制 B. 隔離 C. 其他	A＝2 B＝1 C＝0		
	⑷返工、返修產品是否有相關 檢驗與測試並留下記錄資料	A. 有相關核對總和 測試記錄 B. 有測試無記錄 C. 其他	A＝2 B＝1 C＝0		
	⑸特採品是否加以標識隔離管 制	A. 隔離管制 B. 隔離未處理 C. 其他	A＝2 B＝1 C＝0		
9. QCC 活動	⑴針對製造過程重大問題或嚴 重不合格項有無成立QCC活 動小組，進行品質攻關	A. 成立QCC小組或有 專門組織解決 B. 其他	A＝2 B＝0		
10. 作業 管制	⑴產品在所有階段是否均有明 確標識	A. 全有標識 B. 部份有 C. 沒有	A＝2 B＝1 C＝0		
	⑵特殊製程作業員是否經過資 格確認	A. 有資格確認 B. 無資格確認	A＝2 B＝0		
	⑶有無品質、品質評比及目視 管理	A. 有評比，有目視管 理 B. 有評比，無目視管 理 C. 全無	A＝2 B＝1 C＝0		
	⑷有無緊急任務通告專版	A. 有　B. 無	A＝2 B＝0		
11. 生產 協調	⑴有無產能定額規劃？有無書 面產能定額	A. 有　B. 無	A＝2 B＝0		
	⑵出現異常有無生產協調調度 會	A. 有　B. 無	A＝2 B＝0		
	⑶是否制定有關物料在進料製 程及成品運輸時的搬動管理 程序	A. 進料、製程、成品 全有 B. 部份有 C. 全無	A＝2 B＝1 C＝0		

續表

11. 生產 協調	⑷是否提供指定的搬運工具或其他防止物料產品損傷或劣化的搬運方法和手段	A.是　B.否	A＝2 B＝0		
	⑸是否有《樣品管理辦法》及《樣品編號一覽表》	A.有 B.有其中一種樣式 C.無	A＝2 B＝1 C＝0		
12. 生產 協調	⑴有無制定材料及產品儲存管製程序,如提供安全儲存場所	A.有　B.無	A＝2 B＝0		
	⑵是否制定物料收發管制辦法、制定各產品包裝保存及標記的明確規定,如先進先出、定期盤點、對賬、物料擺放存放是否井然有序等	A.四項全有 B.僅有前3項 C.有1～2項 D.全無	A＝3 B＝2 C＝1 D＝0		
	⑶是否制定實施書面規定及實施設備預定	A.是 B.未實施	A＝2 B＝0		
	⑷各項統計手法「兩圖一表」或工具是否已被正確無誤使用	A.是 B.有「兩圖一表」但未正確使用 C.其他	A＝3 B＝1 C＝0		
	⑸是否有各階段(物料、接受、製程、最終產品出貨)的檢驗與測試作業程序和標準書	A.全部有 B.有其中3個 C.其他	A＝3 B＝2 C＝0		
	⑹待驗的物料、製程、最終產品出貨是否有明顯的標識加以識別	A.全有 B.其中2項有 C.無	A＝3 B＝2 C＝0		
	⑺特准放行的產品是否完成特殊程序？是否有相關標識及可追溯性	A.有　B.無	A＝2 B＝0		
	⑻進料製程及成品驗收階段有無建立抽樣方案	A.有　B.無	A＝2 B＝0		

四、生產現場診斷表

查核要項	現狀的水準與缺點	診斷記錄	治理方案
生產計劃方面	評定水準(A‧ B‧ C‧ D‧ E)		
生產技術方面	評定水準(A‧ B‧ C‧ D‧ E)		
機械設備方面	評定水準(A‧ B‧ C‧ D‧ E)		
生產工具方面	評定水準(A‧ B‧ C‧ D‧ E)		
品質管制方面	評定水準(A‧ B‧ C‧ D‧ E)		
降低成本方面	評定水準(A‧ B‧ C‧ D‧ E)		
工程管理方面	評定水準(A‧ B‧ C‧ D‧ E)		
資料管理方面	評定水準(A‧ B‧ C‧ D‧ E)		
外協管理方面	評定水準(A‧ B‧ C‧ D‧ E)		
作業環境方面	評定水準(A‧ B‧ C‧ D‧ E)		
安全管理方面	評定水準(A‧ B‧ C‧ D‧ E)		
作業方法方面	評定水準(A‧ B‧ C‧ D‧ E)		
技能訓練方面	評定水準(A‧ B‧ C‧ D‧ E)		
工作紀律方面	評定水準(A‧ B‧ C‧ D‧ E)		

五、製程診斷檢查表

序號	診斷項目	診斷記錄	問題點
1	製程檢驗人員配備是否合理		
2	製程檢驗人員素質是否達到要求		
3	製程檢驗的力度能否達到企業預防產品出現不合格品的需要		
4	製程產品出現不合格品如何處置		
5	產品出現不合格時資訊是否得到及時傳遞		
6	生產出現不合格品的原因及責任由誰來分析確定		
7	製程中所運用的統計技術是否能滿足企業的需要		
8	製程檢驗人員與各工廠的溝通如何,是否形成產品品質是製造出來的,而不是檢驗出來的理念		
9	產品訂單的特殊要求是否能及時傳到製程品質組		

六、生產作業現場巡查診斷表

查核項目		評分	診斷記錄
整理 整頓 方面	原料或零件是否擺放在標準的定點位置？		
	作業用的工具是否擺放在標準定點位置？		
	工作台上是否整理得有條理？		
	工作環境是否整理就緒，走道是否通暢？		
工作 態度 方面	是否按規定的服裝穿著整齊？		
	員工是否保持正確的作業姿勢？		
	工作中是否有人偷懶閒聊？		
處理 設備 方面	機械、工具是否擺在妥當之處，易於取用？		
	是否正確地使用工具？		
	是否按照說明正確地操作機械？		
工程 進度 方面	有無停工待料的事情，全體人員是否都能夠順利地進行作業？		
	整個工程是否都按原定計劃順利地進行？		
	各個工程之間是否都能順利地銜接無礙？		
安全 方面	是否正確使用保護器具或防範安全器具？		
	危險物品是否都能夠保管得非常妥當？		
	安全標誌類是否都能按照規定執行？		

七、生產調度診斷調查表

項目	題 目 (提問點及症狀)	答題方式	給分標準	答 案	
				選擇	得分
1. 合約 評審	⑴是否每一張訂單交貨期都經過生產調度部門確認	A.是　B.否	A＝3 B＝0		
	⑵是否對產品的使用要求、交貨要求等予以鑒定	A.是　B.否	A＝3 B＝0		
	⑶有無制訂合約簽訂管理審查程序？有無標準合約	A.全部有 B.部份有 C.無	A＝3 B＝1 C＝0		
	⑷合約或訂單內容是否能明確產品名稱規格、交貨期等事項	A.全部是 B.部份是 C.否	A＝3 B＝2 C＝0		
	⑸針對合約或訂單的變更，修改或作廢，是否已制定完整的作業程序？ ①與客戶溝通 ②交貨期更改後協調生產 ③取消計劃等	A.全部是 B.部份是 C.否	A＝3 B＝1 C＝0		
	⑹逾期交貨是否有專人跟蹤處理	A.是　B.否	A＝3 B＝0		
2. 生產 計劃	⑴準時交貨率的完成情況	A.98%～100% B.90%～98% C.80%90% D.80%以下	A＝4 B＝3 C＝2 D＝0		
	⑵有無書面生產計劃	A.有　B.無	A＝3 B＝0		
	⑶每日的生產計劃有無經過技術、銷售、製造、品質相關部門評審確認	A.全部有 B.經供應部、製造部 C.無	A＝3 B＝1 C＝0		

續表

2. 生產 計劃	⑷生產計劃分解到那個級別如系列成品、半成品、零件	A.分解到零件 B.分解到半成品 C.無	A＝3 B＝2 C＝0		
	⑸有無完成率的書面統計？有無統計管理制度	A.全部有 B.有書面統計完成率，無制度 C.無	A＝3 B＝2 C＝0		
	⑹有無定期分析檢討有關統計資料	A.有　B.無	A＝3 B＝0		
	⑺公司的生產能力是否能滿足公司銷售要求	A.基本滿足 B.有盈餘 C.不能滿足	A＝3 B＝1 C＝0		
3. 台賬 管理	⑴對供應商的交貨及品質狀況有無書面分析報告	A.兩者都有，且有書面分析 B.兩者有無書面分析 C.有其中之一 D.無	A＝3 B＝2 C＝1 D＝0		
	⑵有無書面統計公司的品質合格率	A.有 B.無	A＝3 B＝0		
	⑶有無《半成品、成品、生產日報表》或《庫存日報表》	A.有　B.無	A＝3 B＝0		
	⑷有無訂單台賬	A.有　B.無	A＝3 B＝0		
	⑸欠料管理方式： ①有書面《每日欠料跟催一覽表》 ②口頭催料	A.答① B.答② C.無	A＝3 B＝1 C＝0		

續表

3. 台賬 管理	⑹有無材料、半成品、流轉單據管理辦法	A. 有書面《管理辦法》 B. 有報告,無書面 C. 無	A＝3 B＝2 C＝0		
	⑺有無書面《常規產品BOM清單》	A. 有 B. 有,不健全 C. 無	A＝3 B＝2 C＝0		
	⑻有無《在製品定額明細表(含工作定額、物料損耗定額、能耗定額或工時定額)》	A. 全有 B. 有物料定額或工作定額 C. 無	A＝3 B＝2 C＝0		
	⑼有無《產品生產週期一覽表》?有無修訂程序	A. 兩者都有 B. 有《產品生產週期一覽表》 C. 其他	A＝3 B＝2 C＝0		
	⑽有無書面《日出貨統計表》	A. 有　B. 無	A＝3 B＝0		
4. 交貨 管理	⑴是否存在因缺料而影響如期出貨的現象	A. 因缺料影響交期佔5%以下 B. 5%～10% C. 10%～20% D. 20%以上	A＝3 B＝2 C＝1 D＝0		
	⑵是否有相關部門製作的《原材料來料時間表》	A. 有　B. 無	A＝3 B＝0		
	⑶是否嚴格按預定投產期投產	A. 95%以上 B. 90%～95% C. 80%～90% D. 80%以下	A＝3 B＝2 C＝1 D＝0		
	⑷是否存在設備工裝夾具未能及時修復而不能使用,影響如期交貨的情況	A. 不存在 B. 輕微 C. 嚴重	A＝3 B＝2 C＝0		

續表

5.組織協調	⑴企業內部相關部門有無生產調度例會制度	A.有　B.無	A＝3　B＝0		
	⑵出現異常是否無組織召開生產協調會	A.是　B.否	A＝3　B＝0		
	⑶有無專人負責物料統計及跟蹤工作	A.有　B.無	A＝3　B＝0		
	⑷有無專人負責生產進度統計及跟蹤工作	A.有　B.無	A＝3　B＝0		
	⑸有無專人負責品質異常統計及跟蹤工作	A.有　B.無	A＝3　B＝0		
	⑹有無專人負責出貨統計及跟蹤工作	A.有　B.無	A＝3　B＝0		

八、技術開發自我診斷調查表

序號		診斷項目	診斷記錄	問題點
1.	組織	⑴有無文件化的組織結構及隸屬關係		
		⑵有無文件化的設計人員職責及權限		
		⑶設計人員有無文件化資格要求		
		⑷設計人員上崗前是否經過培訓並留存相應記錄		
		⑸組織是否有文件化獎懲制度，其績效有無與薪資掛鉤		
2.	資源	⑴設計現有工具及儀器設備能否滿足設計需要		
		⑵設計人員編制及專業技術經驗能否滿足要求		
		⑶有無外界資料及培訓、學習以提升設計開發人員能力		
		⑷相關部門是否提供該設計部相應市場調查狀況，以利於新產品開發		

續表

3.	設計過程控制	⑴有無文件化設計過程控製程序		
		⑵有無設計策劃(計劃)及實現計劃活動實施相關人員及職責規定		
		⑶在設計計劃或程序中有無文件化介面說明		
		⑷有無明確的設計輸入表,輸入表有無確定合約要求及法規要求		
		⑸設計輸出有無一一滿足輸入的要求		
		⑹設計各階段有無評審,評審有無參照合約要求及相關法規		
		⑺在設計的相應階段有無設計驗證		
		⑻設計確認的權限有無明確規定、有無確認		
		⑼設計更改的權限有無明確規定。設計更改有無通知相關人員及部門有無確認		
4.	技術文件管制	⑴有無技術文件管製程序(含歸檔、發行、更改等)		
		⑵技術文件有效,版本是否涉及控制		
5.	設計結果適應性	⑴設計輸出的資料是否完善(例有無相應圖紙及標準BOM表單)		
		⑵有無相應技術流程及操作方法		
		⑶有無檢驗驗證的標準		
		⑷技術文件能否滿足客戶要求及製造單位要求		

九、技術開發管理診斷調查表

項目	題　目 (提問點及症狀)	答題方式	給分標準	答　案	
				答題	得分
1. 技術 文件 完整 性	(1) 產品設計圖紙的完整性	具有整套圖紙文件的產品品種數量/總的產品品種數量	<0.2＝1 0.8～1＝2 0.2～0.6＝3 0.6～0.8＝4		
	(2) 技術文件的完整性	具有整套技術文件的產品品種數量/總的品種數量	同上		
2. 資訊 資料 管理	(1) 本行業的國家標準，部頒標準(包括相關標準)	A. 有完整 B. 部份有 C. 無	A＝3　B＝2 C＝0		
	(2) 本行業國際標準	A. 有完整 B. 部份有 C. 無	A＝2　B＝1 C＝0		
	(3) 相關基礎標準	A. 有完整 B. 部份有 C. 無	A＝2　B＝1 C＝0		
	(4) 行業刊物(國內)	A. 內部有 B. 部份有 C. 無	A＝2　B＝1 C＝0		
	(5) 國際行業刊物	A. 全部有 B. 部份有 C. 無	A＝2　B＝1 C＝0		
	(6) 國內行業前五名廠商產品資料	A. 全部有 B. 部份有 C. 無	A＝2　B＝1 C＝0		
	(7) 國際行業前五名廠商資料	同上	A＝2　B＝1 C＝0		

續表

3. 新產品效益	⑴每年完成開發新產品品種速度比	當年開發新品種數量/上年開發新產品數量	<0.9＝1 ＝0.9～1.1＝2 >1.1＝3		
	⑵每年新產品銷售收入比	直接填當年投產入/全部產品銷售收入	<1＝0 1～2＝1 2以上＝2		
	⑶新產品中仿造的品種數比	仿造產品品種數量/新產品品種數量	1＝1 0.3～1＝2 0.3以下＝3		
	⑷專利產品營業收入比	專利產品銷售收入/全部產品銷售收入	0～0.2＝1 0.2～0.5＝2 0.5～1＝3		
4. 開發過程管理	⑴有無新產品開發計劃及進度表	A.有 B.55%以上 C.45～55 D.45以下	A＝3 B＝0		
	⑵按計劃完成的品種比例	A.大部份 B.小部份	A＝3 B＝2 C＝1		
	⑶開發費用佔總收入的比例	A.2%以下 B.2%～5% C.5%以上	A＝1 B＝2 C＝3		
5. 制度與組織	⑴有無開發程序管理文件及相關審批制度	A.有，執行較好 B.有文件，執行不好 C.沒有	A＝3 B＝2 C＝0		
	⑵有無技術管理制度和執行記錄	A.有文件，執行較好 B.有文件，無記錄 C.全無	A＝2 B＝1 C＝0		
	⑶有無組織架構崗位職責規範	A.有　B.無	A＝1 B＝0		
	⑷有無技術文件管理制度	A.有　B.無	A＝1 B＝0		

- 189 -

續表

5. 制度 與 組織	⑸ 有無標準化管理制度	A. 有　B. 無	A＝1　B＝0		
	⑹ 有無專職標準化管理人員	A. 有專職 B. 兼職 C. 無	A＝2　B＝1 C＝0		
6. 人員 素質 狀況	⑴ 技術人員覆蓋專業比例	A. >80% B. 40%～80% C. <40%	A＝4　B＝2 C＝I		
	⑵ 技術人員學歷狀況	A. 中專比例最多 B. 大專比例最多 C. 本科比例最多 D. 碩士以上比例最多	A＝1　B＝2 C＝3　D＝4		
	⑶ 技術人員佔職工總數的比例	A. 1%以下 B. 1%～5% C. 5%以上	A＝1　B＝2 C＝3		
	⑷ 沒有技術員的工廠比例	A. 大部份工廠有 B. 少部份有 C. 沒有	A＝2　B＝1 C＝0		
	⑸ 技術人員的平均廠齡	A. 1～2年 B. 3～4年 C. 5年以上 D. 8年以上	A＝1　B＝2 C＝4　D＝1		
	⑹ 部門經理廠齡	A. 3年以下 B. 3～5年 C. 5年以上	A＝1　B＝2 C＝4		
	⑺ 部門經理學歷	A. 中專 B. 大專 C. 本科 D. 碩士以上	A＝1　B＝2 C＝3　D＝4		

續表

7. 開發 設施	⑴設計人員使用電腦狀況	A.全部 B.大部份 C.小部份 D.無	A＝4 B＝2 C＝1 D＝0		
	⑵有無專用的基礎研究實驗室	A.有　B.無	A＝1 B＝0		
	⑶有無專用的新產品試製設備及組織	A.有　B.沒有	A＝1 B＝0		
8. 行業 活動	⑴是否行業協會成員	A.是　B.不是	A＝3 B＝0		
	⑵參加行業協會活動次數	A.每次都參加 B.大部份 C.小部份	A＝3 B＝2 C＝1		
	⑶每年在各類專業刊物上發表的論文數	A.3篇以上 B.1～3篇 C.沒有	A＝2 B＝1 C＝0		
9. 資訊 溝通 與 共用	⑴參加產品展覽會	A.有　B.無	A＝2 B＝0		
	⑵市場調研情況	A.有　B.無	A＝2 B＝0		
	⑶內部標準化資料共用	A.有推薦標準手冊 B.有常用部件圖庫 C.有常規工作時間定額標準及計算辦法	每一項加1分		
	⑷有無加入國家或國際標準化網路會員	A.有　B.無	A＝1 B＝0		

十、技術診斷調查表

序號	診斷項目	診斷記錄	結果
1	檢查設計輸入、輸出、評審驗證,確認等各階段有無進行劃分並明確各階段主要工作內容	查設計計劃書或提供的有關資料	
2	檢查有無明確各階段人員分工,責任人,進度要求以及配合部門	查設計計劃書或提供的有關資料	
3	不同設計人員之間的介面是如何處理的	查有無設計資訊聯絡單或其他溝通方式	
4	在設計輸入時有無明確設計產品功能描述,主要技術參數和性能指標	查看設計任務書或其提供的有關資料	
5	在設計輸入時有無確定該產品適用的相關標準,法律法規,顧客的特殊要求等	查看設計任務書或其提供的有關資料	
6	在設計輸入前有無進行市場調研,瞭解社會的需求	通過交談或查閱其提供的有關資料	
7	有無參考以前類似設計的有關要求以及設計和開發所必須的其他要求,如安全防護,環境等方面的要求	通過交談或查閱其提供的有關方式	
8	設計輸出文件中的重大設計特性是否明確或做出標識,以及輸出文件的發放管理狀況	通過交談或抽看2~3份設計文件	
9	有無組織與設計階段有關的職能部門代表對設計輸出文件進行評審	查看2~3份評審記錄	
10	對評審中發現的缺陷和不足有無整改,整改完成後有無再進行評審	根據查看的評審記錄追蹤其整改落實情況	
11	有無做成設計評審報告,以及評審報告的發放管理狀況	查看2~3項的評審報告,並通過交談,瞭解其發放流程	

續表

12	設計評審通過後,有無進行設計驗證,設計任務中每一技術參數,性能指標都要有相應的驗證記錄	通過交談,查看2～3個項目的設計驗證記錄	
13	對於設計驗證中發現的問題,有無整改措施並進行落實	通過交談,根據驗證記錄跟蹤措施的執行情況	
14	通過何種方式對最終產品進行設計確認工作,如顧客試用報告、新產品鑑定報告等	通過交談,瞭解設計確認的方式並查看2～3份項目確認報告	
15	設計更改有無按規定流程去做,如填寫《設計更改申請單》,審批後更改等	查看2～3份設計更改記錄並追蹤其更改申請單	
16	設計文件和資料的歸檔管理工作	有無文件資料登記清單,借閱清單等	
17	設計部的組織架構	通過交談	
18	新品開發週期、新品所佔比例	通過交談	
19	技術文件、檢驗標準的編制與歸檔	查2～3份技術文件,檢驗標準的清單發放、保管情況	
20	老產品的技術品質問題有無進行管理	通過交談,詢問	
21	有無完整的產品目錄清單及其產品標準(包括樣品保管)	查看清單,並抽看2～3份產品標準	
22	新產品的達成率,優良率分別是多少	通過檢查計算	
23	有無技術創新獎勵活動	查看獎勵制度	

十一、生產安全現場檢查診斷表

檢查診斷項目		評價	診斷記錄	結果
機械設備	1. 各防護罩有無未用損壞、不合適？ 2. 機械運轉有無震動、雜聲、鬆脫現象？ 3. 機械潤滑系統是否良好、有無漏油？ 4. 壓力容器是否保養良好？			
電氣設備	1. 各電器設備有無接地裝置？ 2. 電氣開關護蓋及保險絲是否合規定？ 3. 電氣裝置有無可能短路或過熱起火？ 4. 廠內外臨時配用電是否合規定？			
升 降 機 起 重 機	1. 傳動部份的潤滑是否適當？操作是否靈活？ 2. 安全裝置是否保養良好？			
攀高設備 （梯、凳）	1. 結構是否堅牢？			
人體防護 用 具	1. 工作人員是否及時佩帶適當的防護用具？ 2. 防護用具是否維護良好？			
消防設備	1. 滅火器材是否按配置地點吊掛？ 2. 消防器材設備是否保養良好？			
環 境	1. 通道樓梯及地區有無障礙物？ 2. 油污廢物是置於密蓋廢料桶內？ 3. 衣物用具是否懸掛或存於指定處所？ 4. 物料存放是否穩妥有序？ 5. 通風照明是否情況良好？ 6. 廠房門窗屋頂有無缺損？ 7. 木板平台地面或階梯是否整潔？			
急救設備	1. 急救箱是否堪用？藥品是否不足？ 2. 急救器材是否良好？ 3. 快速淋洗器是否保養良好？			
人員動作	1. 有無嬉戲、喧嘩、狂奔、吸煙等事情？ 2. 有無使用不安全的工具？ 3. 有無隨地亂置工具、材料、廢物等？ 4. 各種工具的用法是否妥當？ 5. 工作方法是否正確？ 6. 是否有負病者工作？			
綜合評價				

十二、用電安全檢查診斷表

項次	檢查項目	良好	不良	缺點事實	診斷記錄
1	電氣設備及馬達外殼是否接地				
2	電氣設備是否有淋水或淋化學液體				
3	電氣設備配管配線是否有破損				
4	電氣設備配管及馬達是否有超載使用				
5	高壓馬達短路環、電限器是否良好				
6	配電箱處是否堆有材料、工具或其他雜物				
7	導體露出部份是否容易接近？是否掛有「危險」警示牌				
8	D.S及Bus Bar是否因接觸不良而發紅				
9	配電盤外殼及P.T.C.T二次線路是否接地				
10	轉動部份是否有覆罩				
11	變電室滅火器是否良好				
12	臨時線的配置是否完全				
13	高壓線路的絕緣支持物是否不潔或有脫落現象				
14	中間接線盒是否有積棉或其他物品				
15	現場配電盤是否確實關妥				
16	電氣開關的保險絲是否合乎規定				
17	避雷針是否良好可用				

22 A 企業的診斷分析結論

1. 從案例的資訊來看，A 公司所生產的產品主要有兩類，一類為軍用品，一類為民用品。按照接受任務的方式和企業組織生產的特點，軍品嚴格按照計劃進行生產，每年的計劃通常數量變化不大，因此軍品的生產方式為存貨型生產；而民品分為按計劃生產和按訂單生產兩類。按計劃生產與軍品生產幾乎區別不大，屬於存貨型生產，按訂單生產主要是面向市場，根據客戶的訂貨需求進行生產，屬於訂貨型生產，因此民品的生產方式為存貨型生產和訂貨型生產並行。

2. A 公司面臨的主要問題有以下一些。

⑴生產的盲目性比較大，生產成本比較高。A 公司現行的生產方式，顯然是存貨型生產佔據主要地位。當沒有銷售指標時，工廠繼續進行生產雖然減輕了生產任務集中時的壓力，但同時也帶來了客戶提出特殊要求時，產品已經生產完畢入庫，又不得不重新返回總裝線拆卸後進行重裝的麻煩，不但增加了工作量，而且提高了生產成本。另外，A 公司在做計劃和下達生產任務時，往往是根據上一月的銷售狀況決定的下一月生產任務。這樣，市場的不確定性給生產和銷售也帶來了更大的預測失誤。計劃的盲目性導致了生產的盲目性，同時也產生了一種車庫存太大，而另一種車庫存不足的失

控現象。這種盲目性也抑制了 A 公司的發展。

⑵庫存問題嚴重，佔用大量資金。從公司 2006 年財務報表中分析，公司的工業總產值為 96267 萬元，銷售收入為 97639 萬元，資金總額為 168773 萬元，庫存資金佔用 23268 萬元，淨利潤 1455 萬元。可以計算得出公司庫存資金佔工業總產值的 24.17%，佔銷售收入的 23.83%，佔公司資金總額的 13.78%，是公司利潤的將近 16 倍。大量的庫存佔用了公司大部份的流動資金，嚴重制約了 A 公司的發展。

⑶協作廠和合作廠過於分散，阻礙了公司的發展。從 A 公司的協作廠和合作廠的分佈來看，大部份分佈在距離公司較遠的全國各地。在公司的總裝線上，有 60%為外購件，在內裝線有 75%以上零件為外購件就是明顯的例子。這種現象導致了公司運輸費用或成本增加，同時，由於資訊傳遞和零件採購不便，也妨礙了小批量多品種進料，客觀上增加了零件庫存，會使得公司週轉資金匱乏，在很大程度上限制了企業的發展。

⑷產品的品質問題影響公司的交貨。從公司的問題和品質情況統計可以看出，在生產裝配過程中存在問題最嚴重的是缺 A 類零件，出現品質問題最多的是 C 類零件。缺件和配件本身的品質問題都會給公司的生產帶來潛在的品質問題，也會影響公司的生產計劃完成和交貨時間。

3. 庫存量過大可能帶來以下問題：

⑴過量的庫存積壓，會佔用企業大量的資金，影響企業的資金週轉。

⑵如果企業的庫存時間過長，積壓品常常會因為企業技術的提

高或設備的更新而淘汰，給企業帶來資金上的損失。

⑶庫存的長期積壓會因某些產品的生銹、變質而使某些產品報廢，給企業造成大量浪費和損失。

⑷庫存量大，會加重企業存貨的管理和維護等工作，也會耗費企業大量的資金。

4.改善建議如下：

⑴減少生產的盲目性，降低生產成本。A 公司生產盲目性的根源在於公司的生產計劃制訂存在一定的盲目性，不是以市場為中心，而是以自我為中心。因此，必須改變 A 公司的生產計劃制訂思路和程式，把公司的生產方式由推動式生產變為拉動式生產，以市場需求為中心，以總裝和銷售為龍頭，實施生產組織和控制。這樣既可以減少計劃的盲目性，也可以減少因客戶提出要求後重新拆卸和重裝帶來的損失，降低生產成本。

⑵降低庫存，節約資金和減少資金佔用。A 公司可以結合生產計劃的制訂和執行，結合客戶需求的實際情況，採用小批量多品種的生產方式，及時滿足客戶的需求，如果客戶暫時沒有需求，就只進行少量生產甚至是停止生產，儘量減少庫存積壓，為公司節約資金和減少資金佔用。

⑶對協作廠進行重新選擇，改善與協作廠的物流關係。可以考慮就近選擇合作廠、協作廠，特別是對 A 類零件的協作廠，對 C 類零件的協作廠可以允許稍遠一點。這樣，企業公司就可以把生產計劃提前 1～2 天通知主要協作廠，減少整批採購量，近距離及時運輸，減少運輸成本和管理成本。

⑷加強品質管制，縮短交貨期。公司應該加強產品的品質管

制，尤其是屬於公司自產件的 C 類產品的品質管制，提高零配件和整車產品的品質，縮短交貨期，一方面可以提高公司的信譽，另一方面可以減少庫存，節約資金成本。

23 機械製造公司的生產診斷案例

一、背景調查

機械製造公司成立 45 年，是從事某種專業設備製造的大型國有骨幹企業，擁有多套具有世界先進水準的現代化加工中心和檢測設備，在研發和製造環節普遍應用 CAD、PDM、ERP 等信息技術手段。公司及其所服務的行業都屬於高利潤行業，2018 年公司的銷售利潤率達到 20%，超過全國機械製造行業 14.5%的平均值。這個行業近幾年處於穩定增長期，2016 年至 2018 年公司主營業務收入持續增長。2019 年，由於行業設備技術改造進入平緩期，公司的主營業務收入略有下降。

得益於所處的高利潤行業，公司具有較高的利潤率，但運營能力明顯偏弱。2019 年公司的總資產週轉率為 0.9 次，低於機械行業的 1.4 次的優秀水準；庫存週轉率為 1.8 次，遠低於行業 4.2 次的平均水準。從指標上可以反映出公司的生產運營效率較低。在銷售下滑和資金佔用高的雙重作用下，公司 2019 年的淨現金流餘額僅為 1500 萬元。公司意識到企業現有的生產管理模式比較粗

放,面對未來幾年市場需求處於平緩期,如果不進行變革,繼續按照現在的模式運轉,公司將面臨巨大的經營風險。因此,決定聘請諮詢機構開展生產管理諮詢。

二、問題分析

諮詢人員透過對生產運營的數據進行分析,發現公司存在兩個突出的問題:

(1)準時交貨率低

透過對 2019 年整機產品交貨時間統計分析,諮詢人員發現,超期交貨的現象比較普遍,達到 67%。有的產品超期時間達到 58～80 天。

為了查找企業準時交貨率低的原因,諮詢人員統計分析了 2019 年上半年設備有效作業率(見表 23-1)。

表 23-1　2019 年上半年設備有效作業率統計表

機床型號	有效工作時間(小時)	運行時間(小時)	平均有效作業率
A	1356	280	21%
B	1500	650	43%
C	1890	530	29%
D	1500	480	32%
E	800	210	26%
F	1320	700	53%
G	24000	10005	42%
H	26000	10005	38%
I	24000	8500	35%
合計	82366	31360	

從表中可以看出，公司設備有效作業率最高為 53%，最低為 21%，平均為 38%。產能非常充裕。在這個條件下，訂單超期完成的情況如此嚴重，問題一定出在生產計劃方面。

(2)資金佔用偏高

在對 A 公司進行財務分析時，諮詢人員已經瞭解到公司庫存週轉率比較低。在進行生產運營管理深入調研時，收集到了 2016 年至 2019 年的平均庫存資金及其構成情況(見表 23-2、圖 23-1)。

表 23-2　2016 年～2019 年平均資金佔用總額及構成分析

單位：萬元

年度	原材料及半成品	產成品	在製品	資金佔用總額
2006年	5361	6811	12923	25095
2007年	7302	13989	9876	31167
2008年	8625	3793	12967	25386
2009年	12384	3905	15212	31501

透過分析，公司的資金佔用問題非常突出，近幾年一直在高位徘徊，至 2019 年已達 3.15 億元。原材料及半成品的資金佔用連續四年持續上升，至 2019 年達到 1.23 億；在製品資金佔用也不斷增高，至 2019 年達到 1.52 億元。這兩項指標表明企業生產計劃管理存在嚴重的問題。

圖 23-1　2016 年-2019 年平均資金佔用總額及構成分析

（單位：萬元）

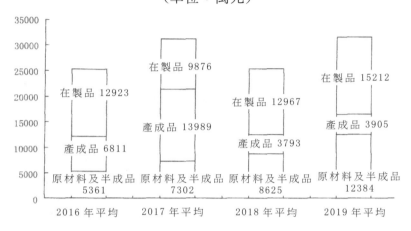

產成品資金佔用達到 2017 年 1.39 億元的高點後，2018 年和 2019 年得到了一定程度的控制和降低，說明公司產品的市場需求穩定，有一定程度的可預測性。

當諮詢人員將核心問題聚焦在生產計劃管理時，對該公司生產計劃編制的依據、思路、基礎和生產指揮調度系統的有效性進行了深入的調研分析。分析的結果有下列四項：

(1)生產計劃編制的依據分析

公司的生產計劃源於銷售計劃。透過產銷存數據可以看出（見表 23-3），2017 年至 2019 年三年間銷售計劃與生產計劃的銜接不好，形成了一定的整機庫存。以 B 產品為例，2019 年計劃生產 52 台，而實際只銷售了 10 台，全年的銷售預測準確性偏低，這是形成材料庫存、在製品庫存和產成品庫存較高的主要原因。

表 23-3　2017 年-2019 年產銷存統計表

單位：台

產品	計劃生產數量			實際銷售數量			庫存數量		
	2017年	2018年	2019年	2017年	2018年	2019年	2017年	2018年	2019年
A	27	35	34	20	25	30	7	10	4
B	18	27	52	13	25	10	5	2	42
C	70	78	57	40	70	50	30	8	7
D	11	15	12	11	15	12	0	0	0
E	10	5	8	8	4	8	2	1	0
F	15	13	11	2	3	5	13	10	6
G	5	5	5	4	4	5	1	1	0
H	1	2	2	0	1	1	0	1	1

(2)生產計劃的編制思路分析

公司是典型的小批量、多品種的離散型製造企業。這種製造類型的特點是需要提高製造系統的柔性，以適應市場變化和客戶經常變動的個性化需求。現有的計劃編制方法是以產品為中心的批量生產（見圖 23-2），根據銷售預測加訂單，以產品 BOM 為依據進行零件分解，形成月計劃，並將月計劃分解為外協外購計劃、成品計劃、零件計劃，指導生產、採購和外協。

圖 23-2　以產品為中心的生產模式示意圖

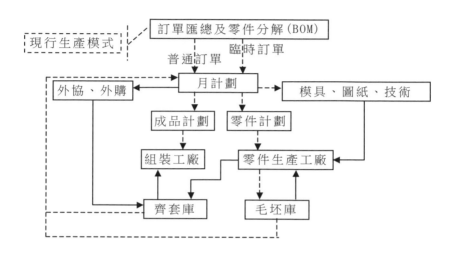

　　這種以產品為主線的計劃模式對生產週期短、計劃變動小的產品生產比較適應，難以適應生產週期長、計劃變動頻繁的產品生產。如果某些零件的生產週期較長，當計劃發生調整時，零件在工廠還沒有完成生產，就要給其他零件讓路，沒有生產完畢的零件在工廠內形成在製品庫存，如果加工完成入庫後不能立刻使用，又形成了庫存。經過幾次計劃調整後，庫存零件的齊套率就會越來越低，不齊套零件庫存越來越高。

⑶生產計劃編制的基礎工作分析

　　諮詢人員在調研過程中發現，公司生產計劃編制的基礎——期量標準存在諸多不合理和不準確的情況。

　　諮詢人員透過產品合約交貨期和數量統計分析，發現生產部門在制訂 X 產品作業計劃時，按照 10 台一個批量投產。X 產品簽訂了 8 個合約，總計需要生產 15 台(見表 23-4)。如果將投產批量定

為 5 台,即縮短了生產週期,減少了庫存佔用,還降低了銷售風險。
分析原因,主要是企業沒有建立起一套系統、科學的期量標準,生
產計劃編制過程粗放,僅考慮了生產的連續性,沒有充分考慮庫存
佔用和市場需求變化的適應性。

表 23-4　X 產品合約統計表

序號	簽合約日期	計劃交付日期	數量
1	2019-2-26	2019-4-30	3
2	2019-3-16	2019-5-15	1
3	2019-3-28	2019-5-30	1
4	2019-4-6	2019-7-20	5
5	2019-4-6	2019-7-20	2
6	2019-7-23	2019-9-3	1
7	2019-7-23	2019-9-30	1
8	2019-9-1	2019-11-30	1

諮詢人員同時發現,公司編制生產計劃的基礎數據準確性較
差。如:一批零件的實際累計生產週期為 14 天,在計劃中卻安排
了 187 天,大大偏離實際情況。在日常生產過程中,很多生產指令
下達不準確。

例如,給機加工工廠下達的一批零件加工指令,計劃開工時間
是 2019 年 6 月 13 日,而在 5 月 10 日該批零件已經投產,並且已
經完成了三道工序。分析其原因是:

①生產計劃部門在制定生產計劃時,只概略地進行了能力平

衡，在生產能力大於生產任務時，提前投入後期生產任務，放寬了生產週期，增加保險時間，在計劃安排中體現早投產、早完工。

②技術部門制定的工時定額不科學，非常寬鬆，計劃工時是實際工時的 2 倍。因此，即使能力負荷比達到 200%，任務仍然可以完成。在實際操作中，沒有人冒險把計劃安排得很緊湊，導致了生產週期被層層放大，投產日期一再提前。

另外，技術部門在編制產品 BOM 時，沒有按照裝配的順序形成產品→部件→零件的樹形結構，在產品加工和組裝週期比較長的情況下，難以使各個生產環節按照平行移動的順序進行計劃排產（見圖 23-3）。企業在計劃安排上，只能做到所有的零件加工完成進入齊套庫後，再進行分揀配套，一次配齊後出庫進行組裝（見圖 23-4）。如果有一個零件沒有入庫，所有零件都處於等待，不能做到先組裝的部件優先安排下料、加工、入庫、分揀配料、先進行組裝以縮短生產週期。

<h3 style="text-align:center">圖 23-3　計劃排產現狀示意圖</h3>

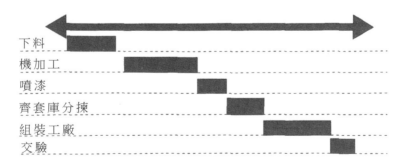

圖 23-4 用平行移動思路進行計劃排產的示意圖

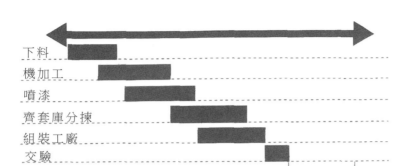

可以縮短的生產週期

⑷生產指揮調度系統的有效性分析

公司的生產計劃部門有 3 人,由於計劃的準確性差,對生產作業的指導作用不強,加之生產計劃經常調整,因此公司採取加強生產調度的方式協調生產。目前企業生產調度有 8 人,各工廠也均設有調度人員。從人員安排上可以看出公司的做法是輕計劃、重調度。

工廠調度根據公司生產計劃編制生產作業計劃。由於各種產品生產過程涉及的零件數量眾多、加工工序多、加工週期長短不一,既要考慮進度、又要考慮設備負荷,工廠編制生產作業計劃難度很大。加上工廠編制生產作業計劃的能力比較弱,主要靠生產調度協調日常的生產活動,常常造成顧此失彼,調度人員忙於「救火」。

在調查中,諮詢人員瞭解到,工廠調度非常關注關鍵設備和瓶頸設備每天的排產,跟蹤每個工作指令的落實情況,這些局部有效的做法不能彌補生產計劃體系本身存在的缺陷。

三、改善方案

根據診斷的結果,診斷諮詢人員認為公司需要調整生產計劃體

系，解決生產週期長、資金佔用高的問題。經過與公司高級主管、生產計劃部、生產部、採購部、技術部等部門溝通，診斷諮詢人員制定了如下改善方案：

（一）提高銷售預測的準確性，為生產計劃編制提供準確依據

①對銷售人員規定了定期系統收集各類市場信息、客戶信息及拜訪客戶頻率的要求等，建立相應的工作表單、客戶拜訪清單、分析報告範本、市場信息回饋制度和流程等。

②確定銷售形勢分析會制度。各大區負責人每月定期召開分析會，匯總銷售人員獲得的最新信息，並做出分析判斷，將分析結果上報到公司銷售部。

③銷售部對各大區的銷售形勢分析結果進行匯總，召開工作例會進行研討，形成市場分析和銷售預測報告。銷售預測按月滾動，準確編制銷售計劃，以指導生產計劃的制訂。

④對各月的實際銷售量與預測銷售量進行對比分析，對差異較大的情況進行回顧分析，增長經驗。

（二）改善生產計劃編制方法

新的生產計劃模式是零件面向庫存生產(MTS)，組裝面向訂單生產(MTO)的柔性生產模式(見圖 23-5)。根據銷售預測和已有訂單制定零件生產月計劃，維持各類零件合理庫存水準；根據訂單的發貨時間，用齊套庫的庫存進行裝配，解決市場回應時間要短與零件生產週期較長之間的矛盾。

齊套庫零件出庫後，根據庫存下降情況和已獲得的訂單及後續的市場預測，制定補充零件庫存的生產作業計劃，庫存水準動態調

整，確保庫存既滿足訂單需要，又能控制在合理水準上。

圖 23-5　柔性生產模式示意圖

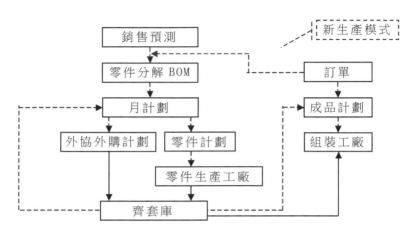

　　重新系統地審核、調整和制定各種期量標準。諮詢人員建議縮小有關零件生產的批量，以避免過多生產增加庫存。生產計劃部和生產部的觀念一時難以扭轉，總認為批量太小會帶來生產效率的損失。諮詢人員強調生產要以產品為導向，不能為了追求局部的生產效率而損害公司的整體效益的觀點得到公司高層的贊同。經過反覆溝通，生產計劃部和生產部摒棄了舊觀念，根據各類產品的銷售情況，確定銷售量大的產品一次投產批量為 8 台；銷售量小的產品一次投產批量為 1 台的新期量標準。

　　診斷諮詢人員對產品的組裝生產模式也提出了改善建議。齊套庫按組裝順序，按部件分揀出庫。出庫的節拍是每兩天出庫一次，5 次至 6 次出庫後，可以完成一個產品的裝配。出庫批量最少為 1 台套，最大為 4 台套，調整後的生產節拍和數量與裝配線的節拍比較吻合，做到了現場只存放供 1 天使用的物料。按照這個節拍，組

裝工廠每月產能為 12 台左右，完全能夠滿足訂單交貨的要求。生產計劃部按照 BOM 的結構順序和裝配節拍制訂組裝計劃。

由於工時定額趨於準確，並且透過計劃安排盡可能縮短生產週期，生產計劃部非常擔心局部產能緊張、甚至出現資源衝突的情況，最後導致計劃不能按時完成。諮詢人員建議生產計劃部制訂出主生產計劃並進行關鍵工序能力平衡之後，再進行一次綜合能力平衡。鑑於公司 ERP 系統沒有這項功能，諮詢人員建議生產計劃部用 MS PROJECT 軟體進行人工作業，將所有的工作指令按日類比排產到各個設備。透過綜合能力平衡，發現產能利用不均衡的情況，然後對一些工作指令的開始和結束時間進行微調。經過這個過程後，主生產計劃的可執行性大大提高。

(三)夯實生產計劃編制的基礎

①技術部負責建立準確的工時定額。

②按照裝配的順序形成產品→部件→零件的樹形 BOM。

這兩項工作的工作量大、專業性和技術性強，諮詢人員提出的建議是，先做產量大的主導產品，做完一個產品，生產計劃部就把結果應用到計劃編制上，經過幾次循環，逐步完善企業主導產品的期量標準，提高生產計劃的準確性和嚴肅性。工時定額修訂後，使生產計劃更加合理、緊湊，對準確評估生產能力和縮短生產週期具有重要的意義。

(四)調整生產計劃的指揮協調系統

按照診斷諮詢人員的思路，如果生產計劃能做得相對準確，提高零件的齊套性，加強生產過程的柔性化，減少了訂單變化對生產的干擾，則生產調度工作量將會減少。因此，諮詢人員建議 A 公司

從生產部抽調 4 名調度人員加強生產計劃部門的力量,以提高生產計劃的可執行性和嚴肅性。

四、方案實施效果

公司以生產計劃為核心,用 6 個月的時間對生產管理進行了改善。改善方案實施之後,公司的庫存週轉率達到 4.5 次,優於行業平均水準,並逐步接近行業先進水準;產品的生產週期平均縮短了 30%,準時交貨率達到 90%。

24 生產現場分析的技巧

一、現場問題面面觀

許多生產企業普遍存在著這樣的問題:生產計劃和指揮缺程序、不追蹤、少彙報、無總結,對現有的生產能力未測算,胸中無數;有計劃無調度,控制力度差;生產線上忙閑不均,有人門前工件堆成山,有人門前無活幹;有人不知道幹什麼,有人在窩工;有人幹得快,有人幹得慢;生產線上亂糟糟,卻不知如何解決。工作時間上,有時忙,有時閑;閑時東走西竄,忙時晝夜加班,很難均衡生產。生產前鬆後緊,秩序混亂,常常不能及時交貨!

臨時安排緊急訂單,全盤打亂計劃,只得採用拆東牆補西牆的辦法,有時甚至將南牆和北牆也拆了。

現場管理混亂，雜亂無章。現場沒有明顯的通道，每個工位旁邊在製品堆積，工件和工具擺放無序，廢棄物亂扔，垃圾遍地；安全隱患隨處可見，物料消耗沒有定額，購進的材料常常超過了需要量，倉庫堆積如山。

廠房佈局和設備佈局不合理。平面流程重覆、交叉、倒流時有發生，工件在做無效的長途旅行；或是擁擠不堪，或是運輸路線過長。

技術裝備和防錯措施不足，技術不能執行到位，隨意化現象嚴重；技術管理薄弱，紀律無人遵守，甚至在生產現場沒有圖紙和技術文件。

設備管理薄弱，設備維護差。生產一忙就拼設備，許多設備帶病運行；工人沒有維護設備的常識和習慣，甚至有人不知怎樣潤滑、油往那裏倒。

採購不及時。生產常常受制於供方，延遲交期卻又無可奈何，由於原材料品質得不到控制，導致產品品質下降。

品質控制不力。機構和職責不明確，缺乏責任追究制度；經常出現低級（不應該出）的品質事故，品質損失統計不出來，出了生產技術問題和品質問題，不知道從何入手解決。

上級精神和指示傳達不到位；工作缺檢查，少彙報；有佈置，沒總結，虎頭蛇尾；會議效率低下，議而不決，決而不行；

沒有建立生產和工作流程，部門之間缺乏有效的溝通和控制機制。口頭指揮多，文字記錄少，縱向不能到底，橫向無法協調，各吹各的號，工作起來相互扯皮推諉，效率低下；

中層管理者管理意識淡薄，責任心差，管理技能少，執行力在

高度、速度、力度上層層衰減；班組長和工廠主任的管理水準參差不齊，素質偏低，不會帶兵；

新產品開發進展緩慢，沒有明確的開發思路，技術力量和員工心態不能適應技術開發要求；或是新產品開發匆忙上馬，做出樣品就急忙批量生產，由於生產技術準備不足，埋下批量出品質問題的重大隱患。

人員越來越多、問題越來越多；廠房越來越大、效率越來越低；幹部越來越忙、領導越來越頭疼；制度越來越多、執行越來越難；設備越來越好、品質越來越差；成本越來越高、交貨越來越遲，員工越來越不滿！

製造業工廠中任何時刻都可能有 85%的工人沒有在做工作：5%的人看不出是在工作；25%的人正在等待著什麼；30%的人可能正在為增加庫存而工作；25%的人正在按照低效的標準或方法工作。

二、怎樣進行現場分析和診斷

1. 現場分析的六個方面

⑴流程分析

分析那些技術流程不合理，那些地方出現了倒流，那些工序可以簡化和取消，那些工序必須加強控制，那些需要加強橫向聯繫等。技術流程和工作流程好比是企業的經脈，對於企業管理來說，也同樣如此。凡是有問題的地方，往往會出現不通、不快、不力、不暢、不細、不和的局面，所以首先要從總體脈絡上來調整和優化。

(2)環境改進

改進生產、工作環境就是指在滿足生產、工作需要的同時，為了更好地滿足人的生理需要而提出改進意見。

平面佈置和設備擺放很重要，直接影響到生產效率。有些企業的環境只能滿足生產的需要，而不能滿足人的生理需要。雜訊、灰塵、有害氣體、易燃易爆品、安全隱患等所有這些不利於人的生理、心理因素都應該加以改善。讓員工在一個整潔、舒暢的環境中工作，這是以人為本的體現。

(3)合理佈局

技術流程圖上看不出產品和工件實際走過的路線，只有登高俯瞰，也就是從公司技術平面佈置圖上去分析，才能判斷工廠的平面佈置和設備、設施的配置是否合理，有無重覆和過長的生產路線，是否符合技術流程的要求。所以，我們應該換一種眼光看公司，俯視全貌，找出問題來加以解決。

(4)確定合理方法

在作業現場，似乎每個人都在幹活。但是，有人幹活輕輕鬆鬆、利利索索、眼疾手快，三下五除二，兩三個動作做完一件事；有人卻是慢慢騰騰、拖拖逕逕、拖泥帶水。研究工作者的動作和工作效率，分析人與物的結合狀態，消除多餘的動作，確定合理的操作或工作方法，這是提高生產效率的又一重要利器。

(5)工位器具的作用

分析現場還缺少什麼物品和媒介物，落實補充辦法。其中重要的一項是工位器具。如果沒有這些東西，現場就會混亂不堪。

什麼是工位器具呢？看看我們日常生活中的「蛋托」就知道

了，它設計得非常巧妙，雞蛋這樣的易碎物品，有了它的保護就可安全無虞，而且便於計數和搬運，這就是工位器具的三大功能。設計工位器具是一門學問，要動腦筋。工位器具主要有五個功能：保護產品或工件不受磕碰或劃傷，便於記數、儲存、搬運，有利於安全生產，使現場整潔，提高運送效率和改善勞動條件。

⑹生產時間的分析

時間就是金錢，有效組織時間是生產順利進行的必要條件。生產過程中的時間包括作業時間、多餘時間和無效時間，如表 24-1 所示。

表 24-1　生產組織時間表

產品的生產週期	作業時間	A	包括各種技術工序、檢驗工序、運輸工序所花費的時間和必要的停放等時間，如自然過程時間
	多餘時間	B	由於產品設計、技術規程、品質標準等不當所增加的多餘作業時間
		C	由於採用低效率的製造技術、操作方法所增加的多餘作業時間
	無效時間	D	由於管理不善所造成的無效時間，如停工待料、設備事故、人員窩工等
		E	由於操作人員的責任造成的無效時間，如缺勤、出廢品等

①作業時間。包括各種技術加工的工序、檢驗工序、運輸工序所花費的時間以及必要的停放時間和等待時間，還包括鑄造的自然時效（指為了消除鑄造應力而放置的時間），這些都是合理的、必須要用的時間。

②多餘時間。包括由於產品實際技術規定和品質標準不當而增加的多餘時間，這是屬於技術人員指導失誤造成的；還包括由於採

用低效率的製造方法而延遲的時間。

③無效時間。包括由於管理不善造成的無效時間,例如停工待料、設備事故、人員誤工;也包括由於操作工人責任心不強、技術水準低造成的缺勤、出廢品等。

三、現場診斷的五個重點

現場診斷的重點是搬運、停放、檢驗、場所和操作者的動作分析,這五個方面構成了現場分析的主要內容。

(1)搬運

搬運這一環節至關重要,搬運時間佔整個產品加工時間的 40%～60%,現場 85%以上的事故都是在搬運過程中發生的,搬運會使不良率增加 10%。所以改善搬運是企業重要的利潤源。壓縮搬運時間和空間,減少搬運次數,是我們研究的重要課題。

(2)停放

停放是不能產生效益的,停放的時間越長,無效勞動就越長,這純粹是一種浪費。減少停放時間和地點同樣十分重要。

(3)檢驗

分析現場產品有那些品質問題,問題發生的地點、場所、時間、控制措施是否有效,產生的原因和解決對策是什麼。

(4)場所和環境分析

分析場所和環境是否既能滿足工作和生產需要,又能滿足人的生理需要,是否符合規定的環境標準。

⑸操作者的動作分析

分析操作者那些是有效動作，那些是無效動作？管理者對操作者的動作和所需時間是否對照「動作經濟原則」進行了分析研究？要減少操作者的無效動作。

25 現場分析的「六何分析法」

六何法即 5W1H 法，它是一種考查方法，對每一道工序或每一項操作都從原因、對象、地點、時間、人員、方法六個方面提出問題進行考查，這種看似很可笑、很天真的問話和思考辦法，卻可使思考的內容更深刻、更科學，具體如表 25-1 所示。

⑴對象

公司生產什麼產品？工廠生產什麼零配件？為什麼要生產這個產品？能不能生產別的？到底應該生產什麼？如果現在這個產品不掙錢，生產利潤高的產品行不行？董事長和總經理應該經常這樣問問自己，工廠主任也應該時常反思：我在生產什麼配件？為什麼要生產這種配件？能不能生產別的？到底應該生產什麼？

⑵目標

公司生產是為了達到什麼目標？為什麼要確定這個目標？能不能換一個目標？到底應該確定一個什麼樣的目標？

表 25-1　「六何」分析法

	現狀如何	為什麼	能否改善	該怎麼改善
對象 （What）	生產什麼	為什麼生產這種產品或配件	是否可以生產別的	到底應該生產什麼
目標 （Why）	什麼目標	為什麼是這種目標	有無別的目標	應該是什麼目標
場所 （Where）	在那兒做	為什麼在那兒做	可否在別處做	應該在那兒做
時間和程序 （When）	何時做	為什麼在那時做	能否其他時間做	應該什麼時間做
作業員 （Who）	誰來做	為什麼由那人做	是否由其他人做	應該由誰做
手段（How）	怎麼做	為什麼那麼做	有無其他方法	應該怎麼做

⑶場所

　　生產是在那兒做的？為什麼偏偏要在這個地方做？換個地方行不行？到底應該在什麼地方做？這是公司在選擇工作場所時應該考慮的。

　　日本有個造船廠，由於船塢行業的傳統製造技術週期長、造價高，工人們在船塢裏將船生產出來一般要一年以上，浩大工程，耗費不菲，正當這家企業面臨倒閉的困境時，董事長聘來了一個「外行」專家，他來到這裏，提出來一連串的「外行」問題：輪船一定要在船塢中造嗎？能不能換個地方造？……這些問題被當時的工人認為他是個白癡外行，不懂行業狀況。但是由於他的堅持，在別

的地方把船的各個大的零件組裝好以後，運到船塢進行總裝，只用了短短三個月的時間就把輪船造出來了。讓大家嘆服稱頌，只是變換一下思維，這個企業很快就扭虧為盈了。

(4)時間和程序

現在這個工序或者零件是在什麼時候做的？為什麼要在這個時候做？能不能在其他時候做？把後面的工序提到前面做行不行？到底應該在什麼時間做？兩個工序可不可以合併？

(5)作業員

現在這件事情是誰在負責？為什麼要讓他負責？如果他既不負責任，脾氣又很大，身體還不好，是不是可以換個人？因為有時候換一個生產主管，整個生產就有起色了。

(6)手段

手段也就是技術方法，例如，現在我們是怎樣做的？為什麼用這種方法來做？有沒有別的更好的方法？到底應該怎麼做？有時候方法一變，全局就會改觀。

機器為什麼停了

為什麼機器停了？因為電壓超負荷，保險絲斷了。

為什麼超負荷運行？因為軸承部份潤滑不夠。

為什麼潤滑不夠？因為潤滑泵吸不上油來。

為什麼吸不上油來？因為油泵磨損，鬆動了。

為什麼磨損了？因為沒有安裝篩檢程式，混進了鐵屑。

內燃機的曲軸最初是鑄造的，一個曲軸好幾十噸，鑄造的時候廢品率非常高。因為傳統的製造方法是在模具上留一個口，從上邊

往裏倒鋼水。這樣鑄造曲軸，氣孔、沙眼會很多，而曲軸的關鍵部位是不允許有氣孔的，一有氣孔就會整個報廢，因此曲軸的成品率只有 30%。

後來人們想到，可以反過來做。將鋼水從下往上注入，這樣氣孔、沙眼等就有充分的時間被壓排出去，曲軸的成品率一下子提高到 70%以上，解決了廢品率高的難題。後果人們進一步發現可以用鍛鋼的辦法製造曲軸，於是曲軸的品質又得到了進一步的提高。

可見，技術改進永遠沒有止境，換一種方法也許會取得更好的效果。

26 診斷分析的四種改善技巧

在六何法的基礎上，我們要對所提出的問題進行處理，其方法是：

(1)取消

這是最痛快的方法，看現場能不能排除某道工序，如果可以就取消這道工序。例如，由於上一個環節總是做不到位，出現等待時間，這就是一種浪費；由於失誤，在工作中產生了殘次品，而每生產一個殘次品就是成本的提高，就是對資源的浪費；單位有時會因人設崗或重覆工作，在工作中有多餘的步驟和動作，這些都是要堅決清除的。取消作為一種方法，其最要緊的是消除產生問題的根源。

⑵合併

如果不能取消就應該考慮能不能把幾道工序合併,尤其是流水線上的生產工序,如果能巧妙地合併,往往能取得立竿見影的效果,提高工作效率。另外還有合併工具、合併動作、合併機構部門等。凡是一個人能做的工作就不要安排兩個人做,多一次交接就多一次失誤的機會。

由於常年在外諮詢和講課需要,我經常要「飛來飛去」,在飛機上用餐時我關注到了一個細節,很多航空公司往往在就餐時發一個叉子加一個勺子,有一次,我拿到的餐盒裏只有一件餐具,它既是叉子又是勺子,叉子加勺子等於叉勺,這樣一來不僅節約了餐具的成本,還給乘客提供了方便。

⑶改變或重排

如上所述,改變一下順序,改變一下技術,改變一下方法、花色、品種、動作,改變一下組合,就能提高效率。尤其是對於困難、危險、乏味的工作來說,更多地採用自動化方式,能有效地提高工作效率。

⑷簡化

將複雜的技術變得簡單一點,把複雜的管理變得簡單些,也能提高效率。俗話說:將複雜的事情變簡單了,這是貢獻;把簡單的事情變複雜了,這是藝術。簡單的東西往往具有很強的生命力。在管理中力求把事情做到簡單易行就是最有效的。像為了拿一隻燈泡,要經過好幾個部門簽字之類的程序就需要簡化。

日本豐田公司的設計師仔細檢查了鑲嵌在大多數車裏的門把手,透過與供應商的緊密合作,他們成功地把製作這種把手的零件

由 34 個降為 5 個，成本減少了 40%。他們稱這個過程為「擰乾毛巾上的最後一滴水」。

　　無論對待何種工作、工序、動作、佈局、時間、地點等，都可以運用取消、合併、改變和簡化四種技巧進行分析，形成一個新的人、物、場所結合的新概念和新方法，如下圖所示。

圖 26-1　四種技巧分析圖

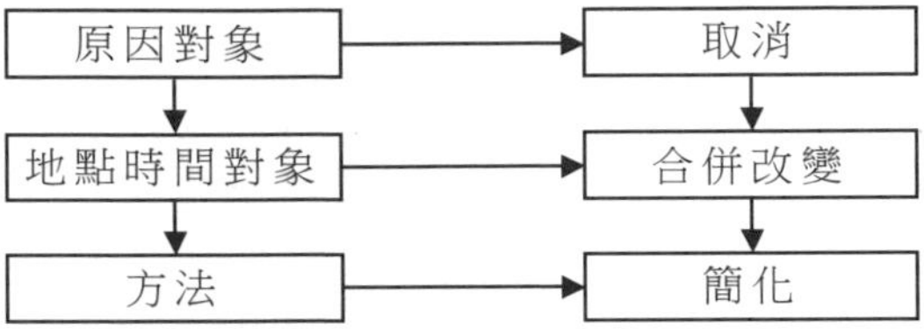

原因對象	→	取消
地點時間對象	→	合併改變
方法	→	簡化

　　有個生產化妝品的公司，在包裝工序經常發生產品漏裝、出現空盒的問題，由於流水線速度很快，產量很大，很難想出杜絕空盒的好辦法來，但即使只有 1%的故障，對用戶來說也是 100%的不滿意，而且對公司的信譽會造成極壞影響。怎麼辦呢，如果請機床廠的來解決問題，他們從技術角度出發設計的裝置需要 10 萬元的投資，太貴了！有沒有更好的辦法呢？公司發動全體員工想辦法，終於用一個極簡單的方法解決了問題：他們從農村的風車分離稻穀得到啟發，風車一搖，就能將稻殼、斷杆吹出去，那麼在流水線上裝上一處吹風裝置，調整好風力的大小，空盒因為輕，一吹就吹出去了，問題就這樣簡單地解決了！

　　在沒有傻瓜相機時，如果不懂光圈、景深、晴天、雨天、近距離、遠距離等各種要素的搭配和調整要領，是拍不好照片的。可是，到了今天，特別是有了數碼相機之後，只要會取景和按快門，誰都

可以拍照了，正如一則廣告語所說：「剩下的事情就交給我了」。

隨著科技的發展，人機關係往往是由複雜到簡單。重體力工作往往交由機器去完成。例如，蓋大樓澆鑄水泥，過去是非常繁重的工作。現在只要一個電話，要求水泥公司什麼時候把水泥車運到現場，水泥公司就會派人開著水泥車準時趕到，而且一路上利用行車的時間，早已將水泥攪拌好了。到現場，接上水泥泵，一通電閘，就可以將水泥輕輕鬆鬆送上樓頂。

我們的任務就是要不斷進行技術革新和管理革新，將繁重覆雜的操作和工序變得簡單、易行。

27 品質管理的診斷分析

品質管理現狀調研分析，可以從品質管理人員能力建設、預防工序不良評價標準、品質事故的管控辦法等方面進行評價。

(一)品質管理人員的能力等級

作為企業的品質管理人員，在原材料、生產輔料、工序加工產品、完成品、核對總和測試過程的日常管理負有不可推卸的責任。一名優秀的品質管理人員，應當具備充足的品質知識，熟練運用多種品質管理工具，保證產品/服務輸出品質，熟悉工程品質評價體系，建立工程品質檢測數據收集與分析評價系統，定期或不定期參

與品質檢查或抽查以確認品質體系運行有效的能力。因此評價品質
管理人員時應當建立品質評價標準，如表 27-1 所示。

表 27-1　品質管理人員品質等級評價標準

項目			評價標準				
			不知道	知道或 正在實施	有經驗	指導過 別人	能夠製作 體系
No	確認項目	目的	等級E	等級D	等級C	等級B	等級A
1	新產品事前準備	理解產品的特殊特性和變化點	不知道	知道，但沒有做	能在調試階段，提出問題點	可以重估修改技術規程，準備和跟蹤生產條件	量產前能夠確認管理項目，能夠準備檢查表
2	產品圖紙的讀圖	生產符合圖紙要求的產品	不知道	能夠理解簡單的圖紙	根據圖紙，能夠對產品進行良否判斷	能根據圖紙指導生產	能夠指導圖紙的讀法
3	技術規程	標準化的作業順序	不知道	熟記技術規程	能夠製作技術規程並指導生產	能夠識別技術要領的特殊管理項目	能夠修改或將生產技術標準化並作指導
4	計量器具管理	保證產品精度	不知道	指導日常點檢和精度保證項目	能夠製作必要的點檢表	能夠定期指導和管理精度點檢	能夠教育和培訓R&R
5	不良品對策	原因分析和採取臨時／長期對策	不知道	識別發生不良，但不能獨立處理	能夠區分管理並採取對策	能夠採取包含相關部門（合作）的對策	能夠製作解決問題的方案

續表

No	項目		評價標準				
			不知道	知道或正在實施	有經驗	指導過別人	能夠製作體系
No	確認項目	目的	等級E	等級D	等級C	等級B	等級A
6	管理圖QC7工具	活用管理圖，預防不良發生	不知道	能夠做管理界限線和CPK的計算	從管理圖的異常採取對應措施	能夠把握趨勢，採取處置措施	能夠培訓管理圖
7	設計/工程變更	新舊製品的層別管理	不知道	知道	能夠將變更點向部下說明	能夠確認變更點並判斷良否	能否製作防止再發生的體系
8	防錯管理	精度保證	不知道	知道管理規定	能夠製作檢查表	能夠處置異常	針對管理需要提出採取防錯措施
9	4M1E變化點管理	透過目視化，實現變化點管理信息的共用	不知道	知道	熟練運用4M1E變化點管理，並記入當班生產日誌	變化點發生的時候能夠知道對應方法	能夠製作變化點管理體系
10	特殊製品管理重點	理解定義和管理方法	不知道	知道目的	理解特殊項目的表示和意義	掌握特殊項目用於指導生產	知道項目實施和解除相關規定
11	SQA/PQA	能夠實施PDCA改善循環	不知道	知道	改善項目能夠順利展開	能夠進行項目的等級評價	能夠推動提升項目的品質管理水準

（二）預防工序不良的評價標準

產品階段品質控制體系中，為了避免出現品質事故，在完成了過程設計後，還需要在現場對工序的品質保證能力進行評估。表27-2 提供了對不同性質的品質事故的防範措施制定的評級標準，其中 1 級最差，4 級最好。診斷諮詢人員完成工序評價後，就能夠依據現狀之不足提出品質諮詢改進的措施。

表 27-2　預防工序不良評價標準表

評價標準	4	3	2	1
基本原則	僅依靠設備可以防止發生不良 設備異常可以預先感知	部份不良項目需要作業員檢查判斷 實現4M管理	部份依靠作業員個人操作經驗保證 對可能不良未採取預防和糾正措施 設備具備工程能力	作業員難以執行相關技術、品質、操作標準完全依靠作業員的個人操作經驗及技能
錯件裝配	無法裝配 設備停止 錯件被自動隔離	出現錯件時，設備以聲光形式報警	有《作業指導書》對照員工經過培訓，熟悉錯件的比對方法，可依靠人工判斷錯件	無《作業指導書》；依靠個人經驗
裝配缺件	缺件時設備停止工作 送料裝置感知缺件並報警	設備缺件裝配時以聲光形式報警	有《作業指導書》對照有缺件防錯方法	無《作業指導書》；依靠個人經驗

續表

評價標準	4	3	2	1
漏工序	出現漏工序時，設備停止加工	出現漏工序時設備以聲光形式報警	有《作業指導書》	無《作業指導書》；依靠個人經驗
加工不良	加工結束前，設備可判定不良 設備停止加工 設備有防止加工不良的裝置	發生加工不良時設備報警 未加工時，設備報警	有《作業指導書》工程能力指數滿足點檢表管理	無《作業指導書》；依靠個人經驗
附著異物	有可能附著或調入異物的工序中，具備防護罩	有異物去除裝置，如氣槍或夾取鉗	有《作業指導書》可判斷附著異物	無《作業指導書》；依靠個人經驗
外觀不良	設置不會發生損傷外觀的作業環境	外觀不良時，設備報警	有《作業指導書》對照員工經過培訓，熟悉外觀不良的比對方法，可依靠人工判斷有判斷外觀的光照環境	無《作業指導書》；依靠個人經驗

(三)品質事故的管控辦法

對於企業發生的品質問題,品質管理諮詢人員應該查閱該企業是否已經建立可追溯的品質整改計劃及完成品質改進的具體成果。

8D 法是美國福特公司解決產品品質問題的一種方法,在供應商中廣泛推行,現已成為國際汽車行業(特別是汽車零件廠家)廣泛採用來解決產品品質問題最有效的方法。8D 法要求就產生的品質問題成立多功能的改善協調團隊,讓整個團隊共用信息,努力達成改善的目標。

表 27-3 供應商 8D 報告

XX公司		8D報告	編號No.:10000	
項目名稱		CME983二檔打齒	開始日期	2016.06.29
零件名稱		倒檔杠杆	零件圖號	4563-701505
1.問題的簡要描述				
7月29日上午11:00市場部電話告知品質部,x汽車公司現場有5台CME983變速器裝車後出現二檔打齒現象。經現場確認,造成此故障原因是誤將MMX二檔同步器裝到CME983變速器上				
缺陷可能造成的後果	換擋舒適性差,出現換擋異響			
問題發生時間 20XX/6/29	發生地點 X汽車廠總裝線二工段試車台位		隔離數量 5台	
2.項目組成員				
組長:				
組員:				
3.臨時性措施				

措施、責任人、計劃完成時間

(1)派出人員對汽車廠裝配現場的變速器進行隔離。負責人：　，計劃完成時間 06-30

(2)對物流庫存變速器、二檔同步器進行隔離、凍結。負責人：　，計劃完成時間06-30

(3)與X汽車公司進行溝通並落實二檔同步器品質問題後續補貨事宜。負責人：　，計劃完成時間06-30

(4)及時組織生產x汽車公司計劃裝車的CME983型號變速器，保證不影響汽車公司正常生產。

負責人：　，計劃完成時間：07-01

(5)由裝配工廠對公司內部庫存的變速器進行100%拆解、確認。負責人：　，計劃完成時間07-05

(6)已發運到X公司的變速器總成全部退回，為識別返工前後的變速器狀態，有效管理變速器的追溯性，對返修後的型號為CME983-B，編號在000801-000805之間的變速器，進行更換銘牌和條碼。名牌起始編號為000801，且為連續編號；條碼後5位數字必須與銘牌編號一致。負責人：　，時間：07-05

(7)對於X汽車公司內部已裝車的變速器，由該公司立即封存現有的汽車。根據本公司提供的可能的問題變速器編號對汽車進行全面的測試，確認問題車型為G5，問題變速器編號為F8773EE000681-00938。跟蹤人：　，完成時間：07-15

(8)如果有部份變速器流入4S店或用戶手中，由本公司負責直接提供服務站相同銘牌號和條碼的變速器，由X汽車公司組織進行更換

效果及實際完成時間

略

4.根本原因分析

(1)不同狀態的零件沒有劃分隔離區域,已停用的MMX二檔同步器與CME983二檔同步器出現混放

(2)MMX二檔同步器與CME983二檔同步器形狀極為相似,只有尺寸有微小差別,二者極難識別

(3)物流室尚未對二檔同步器實施條碼管理

(4)料架零件沒有視覺化看板監控物料的進出

(5)裝配工人識別差異件能力較弱

(6)試車台位上未啟用測試二檔同步器的功能

5.制定糾正措施

序號	制定糾正措施	責任人	完成時間
(1)	①7月1日起重新對庫存不同狀態零件進行識別,由倉管員列出所有待處理產品清單,同時將待處理產品放置到待處理零件隔離區 ②7月8日啟動由生產計劃、開發、工程、品質、SQE、工作小組日例行會議,商討並處理狀態不明零件,規定次日各部門上報結果		20XX/7/10
(2)	物流室組織開發、工程部門對相似件進行識別與標識,制定推進計劃表;對員工進行識別能力培訓		20XX/7/27
(3)	對產品追朔性條碼管理流程梳理,實施出入庫零件產品條碼管理		20XX/8/2
(4)	製作零件出庫目視化看板		20XX/7/16
(5)	對裝配工人進行「一點」教育		20XX/7/8

| (6) | ①對試車台位測試功能重新進行設置，實現測試倒檔同步器的功能 ②更新變速器載入台位試車規範 | | 20XX/7/15 |

6.實施糾正措施並驗證

略

7.防止問題再發生的措施/標準化

(1)重新對公司所有不同型號變速器試車台位進行設置，全部在試車台位上實現二檔同步器測試功能

(2)更新PFMEA，增加在試車台位上實現二檔同步器測試功能等內容

8.規劃未來方向

略

| 編制者 | | 審核 | | 編制日期-最後更新日期 | 2016-08-05 |

28 從生產流程來診斷檢查

　　進行生產現場診斷改善，要透過對作業者的作業分析、平面佈置分析、人和機械的配置分析、技術流程分析來研究作業者的工作效率，去掉作業中不合理的狀態，清除人和物結合不緊密的狀態，消除生產、工作現場無序狀態，建立起高效率的、合理的、人與機器緊密結合的文明生產秩序，從而向科學方法要效益。

　　企業要從各個方面追求效益，就要運用技巧，排除無效時間、多餘時間，改進作業時間，來追求效率和效益：技術流程查一查；平面佈置調一調；流水線上算一算；動作要素減一減；搬運時空壓一壓；關鍵中線縮一縮；人機效率提一提；現場環境變一變；目視管理看一看；問題要、根源找一找。透過這幾條去解決問題，就能獲得很多效益。

　　描述一個過程的步驟和傳遞路線的圖示叫流程圖，流程圖包括工作流程和技術流程兩大類，但實質是一樣的，用它可以把複雜的過程用形象的圖示演示出來。技術流程和工作流程是一個單位技術和工作的總路線，形象反映了技術和工作的程序，部門和工序的連接，判定和檢查的處理程序。透過分析現場生產、工作的全過程，即可以判斷那些技術流程不合理，那些地方出現了倒流，那些地方出現了停放，包括儲藏保管、停放狀態、保管手段(如儲存容器配

備、貨架配備、設施條件），有無積壓狀態？那些技術路線和環節可以取消、合併、簡化？尋找最佳停放條件，確定經濟合理的技術路線。借助「技術路線圖」，可以節省工作時間，提高效益。

技術流程像河流，如果河流淤積，就無法航行和灌溉。如果河堤漏水，就會氾濫成災，所以，既要把關堵漏，又要疏導開通。用「簡化、重排、取消、合併」的方法，使技術流程或工作流程更順暢！

1. 流程圖的作用

任何一項生產技術都可以分為加工、搬運、停留和檢驗四個過程，這四個過程可以用四個符號來表示，組成一些技術流程圖和技術路線圖。

(1)加工

加工工序使用的機械、模具、工夾具、輔助材料、時間、地點、加工批量的大小。提出問題：有沒有瓶頸工序？能否提高作業員的技能？能否提高設備的效率？可否合併一些作業？

(2)搬運

經何處、搬至何處、由誰搬運、用何方法、搬運距離、所需時間、搬運批量的大小、使用何種工位器具。能否減少搬運次數？能否縮短搬運距離？能否透過改變佈局來取消、合併、減少搬運？搬運的設備是否好用？

(3)檢驗

誰檢驗、在何處檢驗、檢驗內容、使用量檢具、所需時間。能否減少檢驗的次數有無可取消的檢驗？檢驗的方法是否合適？檢驗時間能否縮短？

(4)停留(儲存)

經何處、儲存多少、什麼形狀、停留時間、管理人員是誰。能否透過合理的生產安排來減少停留的時間？能否減少生產批量？

技術流程圖包括多種類別，按照技術流程設計的叫工序流程圖；按照零件技術設計的叫技術加工流程圖；按照設備放置平面設計的叫平面流程圖，還有流水線的流向圖等。

生產主管對每個工序進行認真調查後，統計好需要的時間、移動的距離、批量大小。透過連線法繪圖，例如，第一個工序是加工，第二個是搬運，第三個是檢驗，第四個是停留，分別用線連上，以此類推就可以得出一個簡單而清晰的技術圖。

分析時採用「六何分析法」，透過對原因、對象、地點、時間、人員、方法六個方面進行分析，就可以看出該流程是不是環節過多、過於煩瑣、缺乏先進性，分析後用「○」標示，發現問題就打「√」。然後利用簡化、取消、合併和改變這四種技巧進行相應的改善。應該改善的地方用打「△」的方法標示。

填完這個圖就能發現，那些工序可以取消，那些工序可以合併，那些工序可以換個人做，用新的工序總計能夠節省多少時間、減少多少距離等，這張圖就是一個簡單明瞭的成果報告。可以說，「認真填好一張圖，喜看成果在手中」。

如果每個生產主管和工廠主任都能夠時每一個技術流程進行細緻的分析和改善，那麼工作效率和效益肯定會有提高。

圖 28-1 技術流程分析及改善示意圖

改進前

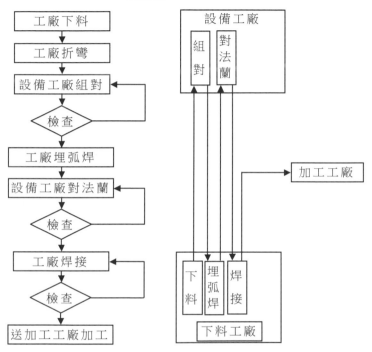

改進後

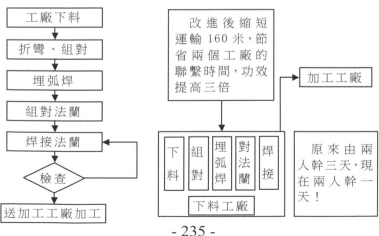

2.流程圖的繪製

⑴首先可從現有的技術或工作流程調查入手，由簡到繁，從分流程開始邊調查、邊繪製，或請熟悉該流程的人勾畫出流程草圖，經過研究、討論和修改，繪製成正式的流程圖。

⑵將分流程圖根據邏輯關係合併成總流程圖。

⑶也可從總流程圖出發，分解成分流程圖。總流程圖上的一個環節或幾個環節，也許就是一個分流程圖。

⑷有條件的話，盡可能把流程圖繪製成電子版本，以便於修改和合併。

⑸凡涉及幾個部門的流程，為避免重覆和衝突，這幾個部門可商定後共用一個流程圖。

⑹流程圖草繪出來後，涉及橫向協調的單位和部門要進行精心審核和修改，以求統一。

3.流程圖的分析

⑴分析流程圖是否符合現狀，是否符合邏輯和技術要求。

⑵分析判斷流程圖每個環節的「人、機、料、法、環、檢」是否齊全、是否處於受控狀態？核對總和判定環節是否能對流程起到把關作用？

⑶分析流程圖的技術是否合理、先進？

⑷分析現有各環節是否能簡化、合併、改變、取消？

⑸各部門橫向聯繫是否到位？是否通暢？是否需要構建或增加新的通路？在流程圖上，是否事事有人幹、人人有事幹？

⑹由流程圖的各個環節及傳遞路線，分析現有各部門的工作職能是否到位，是否要對現有機構進行調整或重組？

這種由流程分析開始到機構調整為止的做法，是技術流程排查的正確做法。

4. 總流程圖的檢討改善

總經理或董事長參加會議，討論流程圖的每一個細節，可在白板上修改，或用電腦和投影儀直接修改，更方便。

⑴找出現場管理常見的「七不暢」，分析原因，在流程圖上制定相應改進措施。

⑵採用取消、合併、重排、簡化的技巧，對總流程和相應的分流程進行精心調整。

⑶各有關單位參加繪製討論，發生辯論、爭吵也在所不惜，在繪製中引起的爭論，實際上就是平時經常不通不順的再現。在流程圖上看得分明、顯得清楚，無可爭辯，甚至連那些頂著不幹的人自己都覺得可笑。

⑷將問題部份刷黃，並追查原因。

⑸解決問題後刷白。再根據美化的需要對流程圖作技術上的調整。

29 從平面佈置圖的診斷

　　有些企業是在建廠初期沒有對場地佈置和設備佈置進行過精心設計；或是由於生產的不斷發展，設備的不斷添置，打亂了原有生產佈局；或是由於產品結構的變化，造成了產品和工件在生產時運輸路線過長。這些都是造成浪費的因素，必須當作大事來抓。

　　透過合理調整工廠佈置，來縮短技術路線和操作者的行走距離，減少不必要的資源浪費，仔細檢查和分析工廠平面佈置圖、工廠平面佈置圖和設備平面佈置圖，分析作業方式和設備、設施的配置，按生產流程的流動方向，看是否存在重覆路線和技術倒流的情況，找出不合理的部份，調整和設計一種新的佈局，使生產流程在新的佈置圖上路線最短，配置最合理，從而向平面佈置要時間、要效益。

　　平面佈置圖的診斷，可分為物料流向佈置法、工廠佈置法。

　　使原材料、半成品和成品的運輸路線盡可能短，避免迂廻和往返運輸。使生產能順流而下，有單一的流向、有較短的運輸距離、有較少的裝卸次數。把聯繫緊密和協作密切的部門盡量安排在一起。

　　應用「最大最小」原理，盡量減少人的活動量和物的運輸量，提高系統的生產(處理)能力。充分利用地面和空間面積，使平面佈

置具有最大的靈活性和適應性，使投資費用和投產後運行費用最小。

要進行環境因素分析和危險源分析評價，認真考慮「三廢處理」。注意精密加工工廠不要和有強烈振動的工廠佈置在一起，要為職工創造優美的工作環境，做到廠區佈置整潔、美觀、暢通。

要充分考慮到企業的未來發展，將來會有什麼樣的改建或者擴建措施，其難易程度有多大。

1. 物料流向圖佈置法

這種方法主要是按照原材料、在製品、成品等物資在生產過程中的流動方向和搬運量來進行佈置，特別適合於物料運輸量很大的工廠。如何進行佈置，要透過多種方案的計算和比較才能確定一個最優方案。最優化的方案就是要使全廠搬運量最小，特別是非相鄰單位之間的搬運量要最小。通常採用「一個流」的佈置法，如圖 29-1 所示。

圖 29-1　整體上呈「一個流」的佈置

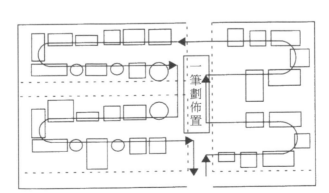

2.工廠佈置

工廠佈置的關鍵是設備佈置，基本原則是要符合生產技術流程；儘量縮短產品在加工過程中的路線；要便於向基本生產部門提供服務。

例如機械加工工廠的工具室應保證領取工具方便，並與磨刀間靠近，過道設置要考慮物料運輸安全等。

設備佈置原則如下：

①加工路線最短，人行走距離最短；

②便於運輸，如利用天車等；

③確保安全，設備之間、設備和牆壁、柱子間有一定的距離等；

④便於工人操作；

⑤充分利用工廠生產空間，例如將設備排成橫向、縱向或斜角的，不要剩下不好利用的空間。

某企業的鍛工分廠原平面流程往返路線太長，非常不合理。第一道工序從原材料庫領出材料以後，首先到剪床工廠，由第一台剪床剪完以後，接著送到毛坯庫入庫；第二道工序從毛坯庫領出來以後，再到鍛工工廠鍛打，鍛打完了再按原路回送到第二台剪床；剪完後再回鍛工工廠加工。中間往返路線總共 206 米。實際上只要把剪床放到鍛工工廠，就完全可以省去來回往倉庫搬運的浪費（如圖29-2 所示）。

據測算，如此一改動，就節省了 106 米，整個路線只剩下 100米。

圖 29-2　鍛工分廠平面流程圖

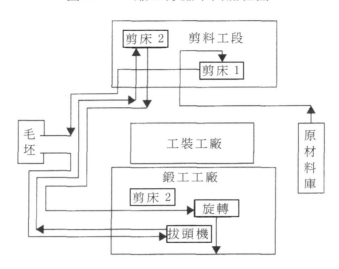

一個鋁製品的加工過程，由於習慣操作，一共 8 道工序，卻搬運了 13 次。原材料從熔煉、壓鑄、超探到鑽孔、熱處理、機加工，中間經過 12 次停頓。

每個工序旁堆放著大量的在製品，結果會造成無謂的搬運和等待，而且會造成工地的擁擠，強行消除了每個工序的在製品後，除了熱處理不能取消存放和停頓外，其他工序一律不得停頓。這樣一來，不但大大提高了生產效率。還節省了一半的生產面積，實現了一舉多得。

30 從生產流水線上診斷

　　生產主管要研究流水線的節拍和每個工序的作業時間是否平衡。如果發現不平衡，就要透過裁併、簡化、分解等手段，平衡流水線的各個過程，消除因個別工序緩慢而導致的窩工和堆積現象。

　　平衡生產率的目的是：縮短工序間的準備時間，透過作業員和設備的效率；縮短每一工序的作業時間，提高單位時間的產量；消除生產中間的瓶頸、阻滯，改善生產的平衡，減少工序的在製品數量；對產品的技術流程進行重排，以符合新的作業流程；在平衡生產線的基礎上實現單元生產，提高生產應變能力，實現柔性生產；透過平衡流水線，可以綜合應用程序分析、動作分析、規劃分析、搬運分析、時間分析等 IE 手法，提高全員綜合素質。

1. 向移動方式要效益

　　流水線都是按照一定節奏往下走動的，這就有一個零件移動的方式問題，移動方式的合理與否，對於節約時間具有重要的意義。

　　順序移動是指幹完一批活以後移到下一個工序，但實際上完全可以不用幹完一批才往下走。我們拿四個工序進行討論，到第四個工序完成時，用順序移動的方法共需要 200 分鐘。如果變化一下，交叉進行則只需要 114 分鐘，加工時間幾乎節約了一半。有的企業在生產管理上流程不暢，主要就是生產主管不會合理排序。如果變

換一下流水線的移動方式，效果就會完全不同。

2.向流水線要效益

一個由許多塊長短不同的木板箍成的木桶，決定其容量大小的並非其中最長的那塊木板，而是其中最短的那塊木板。同樣，在一個企業所有的工作過程中，必然存在許多相關的環節，只要找出制約企業效益提高的某些關鍵環節，把其中的矛盾解決了，其他方面的矛盾也就可以迎刃而解。

在流水線上，通常是按一定的節拍往下流動的。幹得最慢的人就是決定流水線最終效率的人，這也就導致流水線效率比較低。如何解決這個問題？這就要講到流水線平衡的問題。以每個工序幹得最慢的人為標準，例如每個工序平均用時 30 分鐘，一個流程共有 8 個工序，那麼完成一個流程所用的時間總計為 240 分鐘，這就是需要的總時間。

可實際上並沒有耗時這麼多，有的人用了 10 分鐘，有的人用了 15 分鐘，這些時間加起來是實際所需要的時間。用實際需要的時間，除以總時間，就是生產平衡率。

生產平衡率＝（各工序淨作業時間之和/最長時間工序的淨作業人員×人員數）×100%

很多流水線的平衡率往往還不到 50%，如果提高幹得最慢的人的工作效率，或者把他的活兒分一部份給別人幹，使每一個人的節拍盡量一致，這樣平衡率就會大大提高，整個生產線的生產效率也會大大提高。

某企業生產現場包括以下工序：剪裁、除毛邊、鑽孔、擰螺絲、噴漆、檢查、印刷及入庫檢查，每道工序有一名作業人員。其中鑽

孔是瓶頸工序,作業時間長達 30 秒。經計算,生產平衡率只有 50%,分析後,針對瓶頸鑽孔工序,將鑽孔定位的動作 8 秒分給除毛邊;利用機械裝置將擰螺絲控制為 22 秒;將檢查和噴漆合併為 20 秒;將印刷和入庫檢查合併為 15 秒,改善後為 6 個工序,平衡率為 82.6%。如圖 30-1 所示。

圖 30-1　平衡流水線改善前後變化圖

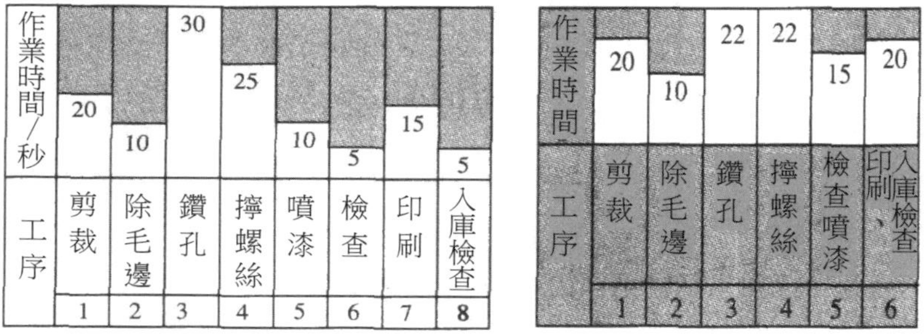

改善前平衡率 50%

作業時間/秒	剪裁	除毛邊	鑽孔	擰螺絲	噴漆	檢查	印刷	入庫檢查
	20	10	30	25	10	5	15	5
工序	1	2	3	4	5	6	7	8

改善後平衡率 82.6%

作業時間/秒	剪裁	除毛邊	鑽孔	擰螺絲	檢查噴漆	印刷、入庫檢查
	20	10	22	22	15	20
工序	1	2	3	4	5	6

某皮鞋廠每條生產線日產皮鞋 2500 雙/11 小時,即每雙鞋的製造時間平均為 16 秒鐘。如果每雙鞋的製造時間壓縮 2 秒鐘,那麼日產量就是2828雙,效率提高13%,8 條流水線日產量就是22624雙。所以,在流水線上精確計算每一個動作要領所花費的時間,就可以實實在在地提高企業的效益。

31 從生產過程動作要素來診斷

任何操作都是以人工動作為基本單元，特別是在工作密集型企業裏，組裝工序、加工工序等多體現為手工，人工動作是產生效益的一個非常重要的因素。

要向動作分析要效益。研究工作者的動作，分析人與物的結合狀態，消除多餘的動作、無效動作或緩慢動作，如彎腰作業、站在凳子上作業、蹲著作業、沒有適合的工位器具、人與物處於尋找狀態等，透過對人的動作和環境狀態的分析和測定，確定合理的操作或工作方法；探討減少人的無效工作、消除浪費、解決現場雜亂的有效途徑，實現人和物緊密結合，提高作業效率。

進行動作分析，最主要的目的就是消除無效的動作，以最省力的方法去實現最大的工作效率。改善動作，幾乎不用花一分錢，就可以大大提高生產效率。

管理大師泰勒 1898 年在美國的伯利恒鋼鐵公司任職，該廠僱用工人 400～600 名，每天在一個廣場上鏟煤，工人從自家帶來鏟煤的鏟子，鏟煤時每鏟重僅 1.6 千克，而鏟礦砂時每鏟竟達 17 千克，這樣的自備鏟子和不同物料的鏟重差異引起了泰勒的好奇。他想：「鏟子的形狀、大小和被鏟物有沒有關係？什麼樣的鏟子能讓工人拿了既舒服又鏟得多、鏟得快？每鏟重量為多少時才是最經

濟、最有效的？」他進行了多次鏟煤的實驗：如果鏟子太大，一次鏟煤量大了，但人的腰卻受不了；如果太小，生產效率則很低。經過無數次的實驗，泰勒發現當一鏟煤重 21 磅（約合 9.7 公斤）的時候，鏟煤的效率最高。這樣，原來 400 到 600 人幹的活，現在只要 140 人就可以了，鏟每噸物料的費用減少 50%，工人的薪資增加了 60%，除去研究費用，該廠每年可節省 7.8 萬美元，使該廠的生產量大增，工人的工作情緒愉快多了。

雙手或單手空閒、作業動作停止、動作太大、左右手交換、步行多、轉身角度大、移動中變換「狀態」、伸背和彎腰動作、重覆或不必要的動作都是常見的動作浪費。專家認為，對於大部份作業者來說，其一半時間是「無效的」。

我們要將動作和工作分開，沒有效益的工作叫動作，是無效工作；創造效益的動作才叫工作。操作上不必要的動作是浪費，因此應該馬上去掉。一般說來，任何操作都包括這樣一些動作，基本類型有：作用動作，如裝配、分解、使用等；搬運動作；附屬動作，如尋找、選擇、定位等；非生產性動作，如思考、休息、停車等。為了提高生產效率，動作分析要求儘量減少附屬動作，消除非生產動作。不要在進入操作階段時再有尋找、選擇、定位、思考等行為。也就是說，動作研究的目的是透過對工人在完成某一個工序中所採用的動作進行分析，消除不必要的動作，找出最經濟的操作方法。

動作分析，尤其是對以手工為主體的工作密集型企業非常重要，那麼如何實現動作經濟呢？具體而言，操作者應遵循以下幾點：

(1)能用腳或左手做的就不要用右手做

因為許多工作都是用右手來做的，所以，應該儘量使用左手和

腳,以減輕右手的負擔。

(2)盡可能雙手同時作業

研究表明,雙手同時作業,能夠有效提高工作效率。因此應該盡可能讓雙手同時作業,同時開始,同時結束。例如,剁餡時,兩把刀就遠比一把刀剁得快。上帝給我們兩隻手,如果我們只用一隻,豈不是浪費?

(3)不要使雙手同時休息

經常保持雙手的運動,有助於提高雙手的靈活性,故要想保持良好的狀態,就不要使雙手同時休息,空閒時應儘量想辦法讓雙手做點別的工作。

(4)盡可能用小的動作去完成

與其用軀幹來完成動作,不如用臂、腕和手指來完成動作。動作越小,意味著花費的力氣越小,動作越簡單,動作量就會減少。這是動作經濟的基本表現。

(5)合理配置和擺放材料

材料和工具要儘量放在伸手就能拿到的地方,並按照基本作業要素的順序確定適當的位置。「伸手能拿到的地方」,就是以人體中心線為軸,人的臂長為半徑的範圍,在這個範圍內,人伸手就能拿到材料和工具。在人體胸前這一空間操作,眼看、手拿是最方便的,否則,就會造成很大浪費。以一個緊固螺絲的工序為例,如果操作者將螺絲放到桌子的左上角 0.5 米處,再用右手拿螺絲刀擰螺絲,如此一天重覆 3000 次,左手一天就要移動 1500 米,一個月就是 45 公里的路程!而這個在 0.5 米處取螺絲的動作,沒有任何附加值,這就是浪費!

(6)基本作業要素的數目越少越好

減少一切不必要的動作，要知道：沒有效益的工作只能叫動作，而有效益的動作才是工作！動作距離要最短，儘量提高效率。

(7)減少工人基礎工作量

把兩個以上的工具合為一個，或者利用便於盛取材料和零件的容器來減少工作量。透過利用工具的方式，減少人的工作量。例如在飯店送菜，服務員如果配置託盤，送菜效率就會高很多。

(8)必須利用保護器具

因為人體的耐久力是有限的，所以要想保持良好的工作狀態，就需要一定的工具作保障。保護器具就是人在特殊工作情況下可以利用的工具。

(9)確定動作順序

把動作的順序確定下來，才能保證動作有節奏、自動地進行，由此提高工作的效率。生手和高手的差別就在於，生手是笨手笨腳的，高手則是熟能生巧，動作帶著舞蹈般的韻味。

(10)對稱動作

使雙手同時朝著相反方向做動作，不可同時朝著相同的方向活動，叫對稱動作。研究表明，進行對稱的運動，人不容易疲憊，所以儘量進行對稱的動作，有助於提高工作效率、避免工傷的發生。

請讀者自己做一個試驗：舉起你的雙手，在胸前做上下、前後、左右的對稱動作，然後雙手做相同方向的動作。感覺如何？你一定會覺得對稱的動作要輕鬆得多！

(11)儘量利用動力裝置

儘量利用慣性、重力、自然力和動力裝置，而不是依靠人力，

可以減少人的疲憊感,提高工作效率。

⑿作業位置要保持適當的高度

為了減輕人的疲勞程度,作業位置要保持適當的高度,而這個高度事先要進行科學的分析和測量。

⒀站立式走動作業

在很多工廠的生產現場,我們都可以看到:工人們幾乎都坐著工作,他們的很多動作都屬於浪費。從精益生產的角度來講,為了調整生產節拍,有可能需要一個人同時操作兩台或多台設備,這就要求作業人員不能坐著工作,而應該採用站立走動的作業方式,這樣更有利於提高工作效率。

表 31-1　　動作經濟原則與動作要素關係

基本原則	減少動作次數	謀求同時動作	縮短動作距離	使動作輕鬆簡單
焦點	尋找、選擇、準備等有無超出必需的動作	有無單手等待、保持等動作發生	動作有無過大	動作要素的數量能否減少
動作方向的原則	① 消除不必要的等待 ② 減少眼睛的轉動 ③ 將兩個以上的動作進行組合	① 兩手同時開始動作、儘量不要空閒 ② 兩手同時進行反向、對稱動作,利用手腕保持平衡	① 用身體最合適的部位 ② 用最短的距離 ③ 身體部份用得越少,動作時間就越短	① 動作無限制,只求輕鬆簡單 ② 利用重力或其他力量動作 ③ 利用慣性或反向動作;尤其是利用運動物體的慣性 ④ 動作方向轉換平滑進行 ⑤ 動作有節奏不易疲勞

續表

基本原則	減少動作次數	謀求同時動作	縮短動作距離	使動作輕鬆簡單
作業場所的原則	① 材料和工具放在作業者面前固定的位置 ② 材料和工具按作業順序的要求擺放 ③ 材料和工具按容易作業的狀態擺放	擺放時要兼顧兩手同時都能作業	① 只要方便,作業領域越小越好 ② 若要操作兩台或兩台以上的設備時,站著操作較為有利	作業位置的高度調至最佳的狀態
夾具及機器的原則	① 利用便於取拿的容器和器具 ② 兩個工具合二為一 ③ 選擇不需怎麼調整就能使用的夾具 ④ 儘量使用一個動作就能控制機器	① 利用固定夾具來固定對象物 ② 簡單的作業或是需要用力氣的作業,使用腳部控制機器 ③ 考慮兩手可以同時作業的夾具	① 利用重力和機械力取出和運送材料 ② 機器的操作位置,放在身體最容易操作的部位	① 利用夾具和導向裝置,限制其運動路線;用手握取部份設計便於抓取的形狀 ② 在可見部位設置調整系統,使調整輕鬆簡單 ③ 機器的運動方向與操作方向相同 ④ 工具輕便

32 從搬運過程合理化來診斷

據統計，在產品生產的過程中，搬運和停頓時間約佔 70%～80%，搬運的費用約佔加工費的 25%～40%，透過對搬運次數、搬運方法、搬運手段、搬運條件、搬運時間和搬運距離等綜合分析，儘量減少搬運時間和空間，尋找最佳方法、手段和條件。

生產物流中，搬運是發生頻率最高的物流活動，這種物流活動甚至會決定整個生產方式和生產水準。在整個生產中，裝卸搬運起著承上啟下的連接作用，耗費巨大，是物流的主要功能因素，是生產物流中可以挖掘的「主要利潤源」。其內容包括裝上、卸下、移送、揀選、分類、堆垛、入庫、出庫等。

搬運分析是以加工對象的搬運距離、搬運數量、搬運方法為對象，分析加工對象空間放置的合理性，目的在於改進搬運工作，減輕作業人員的工作強度，提高作業效率。

一般說來，貨物由零散堆放到搬運走會經歷四個步驟：集中、搬起、升起和運走，由於不同的物品搬運難易程度不同，可用搬運方便係數(活性係數)來表示。

1. 搬運損耗的原因

⑴費時費力。這是普遍存在的問題，也是造成物流損耗最主要的原因。

⑵無效搬運多。指必要的裝卸搬運之外的多餘的裝卸搬運，例如過多的搬運次數、過大的包裝搬運及無效的貨物搬運。

⑶搬運方便係數低（活性係數低）。指裝卸搬運時只圖一時的方便，將貨物散亂擺放，增加了再搬運的難度。

⑷人工搬運多。手搬肩扛，效率低，不安全，費用高，易疲勞。

⑸裝卸過程不連貫。指因搬運路線或企業其他方面的問題，使裝卸難以連貫進行。

⑹物流難以均衡通暢。指因技術流程原因或作業難以標準化等原因引起的物流不通暢問題。

⑺分散化搬運。搬運方式因裝載點、卸載點等分散或貨場內物品擺放的分散，不能在同一區域進行物流作業的現象。

⑻忽略人性化。不考慮作業人員的承受能力，隨意安排工作，致使作業人員產生逆反心理，在裝卸搬運過程中消極怠工、野蠻操作、亂堆亂放，從而產生了一系列損耗。

⑼整體效率低。由於各種原因的交互作用，導致了企業物流環節整體效率低下的局面。

2.改善搬運的必要性、原則和方法

據統計，在加工費中搬運費約佔 25%～40%；在工序的時間裏有 70%～80%是搬運和停頓的時間；工廠的事故，又有 85%是在搬運過程中發生的。可見對搬運工作進行改善是非常必要的，也是非常重要的。改善搬運要從物料、搬運空間、搬運時間和搬運方法上著手。如表 32-1 所示：

表 32-1　搬運優化的原則和方法

優化內容	優化途徑	優化原因	優化方法
物料	減少數量	排除搬運	排除中間搬運量
		減少搬運	減少容器或不用容器
搬運空間	減少次數	單元裝載	撬板化
		大量化	採用拖車
			選用大型設備
	縮短距離	直線化	改善平面佈置
		平行化	改善平面佈置
	減少路線	排除搬運	改善工廠佈置
		合併搬運	應用中間搬運
	減少次數	強力化	利用大型搬運設備
		大量化	採用工業拖車
搬運時間	縮短時間	高速化	利用高速搬運設備
		同期化	採用均衡搬運
	減少時間	增加	採用工業拖車
		搬運量	利用大型搬運設備
搬運方法	管理協調	高速化	利用高速搬運法設備
		連續化	採用輸送機
		同期化	應用均衡、循環往復搬運
	非動力搬運	重力化	輸送機、傳遞帶

從表 32-1 可以看出，要對搬運進行優化，在物料上要減少搬

運數量和搬運次數；在搬運空間上要盡可能縮短搬運距離、減少路線和減少搬運的次數；在搬運時間上要縮短時間、減少次數；在方法上要注意管理協調。

醫院護士到病房去送飯，護士開始是從食堂打一碗送一碗，每個病人都要四菜一湯，一頓飯不知道要跑多少趟，非常勞累。

後來有人建議使用託盤，一個託盤可以放四菜一湯，一次就能送一個病床的病人。再後來又有人建議使用小車，一個小車可以放好幾個託盤，這樣，一個病房裏所有病人的飯菜都可以一次送完了。

3. 消除搬運損耗的對策

⑴以省力化為原則。物流包括運輸、保管、包裝、裝卸搬運、流通加工、配送等，它的理想是「零移動」，在裝卸過程中，應以省力化為原則，例如能下不往上、能直行不拐彎。

⑵消除無效搬運。利用簡化、重排、取消、合併等方法，儘量減少裝卸搬運次數、選擇最短路線，消除二次搬運。

⑶提高搬運方便係數（活性）。儘量裝箱不零放，利用堆高車搬得快，最好使用無搬運，斜坡滑梯傳送快。

⑷合理利用機械。適當利用機械手、傳送帶、懸掛鏈和滑道進行搬運。此類方式大多在物件小、數量大、總量輕、距離短的情況下使用。

⑸採用專用設備保持連貫性。具有物流能力的專業技術裝備，是可以透過技術手段實現加工、製造、反應等主要目的，而不是通用傳輸裝備。例如煉鐵爐，各種物料依靠重力從上而下，在下降過程中，完成預熱、升溫、軟化、熔融的工序，最後變成鐵水從爐子下部流出。

⑹減少空載和等待時間。減少設備的空載和等待時間，有利於保持物料的均衡順暢。透過協同作業，實現均衡搬運，採用鐘擺式搬運、定時搬運，提高搬運設備的運轉率等。

⑺集中單元化。集中單元化可以有效降低分散化集裝帶來的損耗。具體有：利用托架進行單元化組合，利用堆高車、平板貨車增大操作單元，提高作業效率和物流活性。例如，豐田公司在搬運技術設計中，會避免使用分散化集裝，對於包裝成件的貨物，會儘量對其進行集裝處理，按照一定的原則將一定數量的貨物彙集起來，成為一個裝卸單元，再用機械進行操作，這就節省了時間。

⑻提高人性化。企業應該充分考慮裝卸搬運作業人員的操作難度，採用各種人性化的手段，如合理安排作業人員的工作量，購置設備減輕作業人員的工作強度，提供作業的寬鬆環境等，使作業人員能認真地投入工作，降低人為原因的損耗。

⑼具體分析後採取對策。針對具體原因，採取相應對策逐一解決問題。

33 從人機效率加以分析

在現場生產中，人和機器有幾種情況。一種是一人操作一台機器，一種是一人操作數台機器，還有的是數人操作一台機器或數人操作數台機器。人和機器是一對矛盾，處理不好就會你等我、我等你。在機械加工中，一個作業者負責一部或幾部機械，一旦機械全部轉動時，作業者就會處於「無所事事」的狀態，或是出現相反的情況，作業者手忙腳亂，機器不能發揮效率。遇到這種狀況，必須分析作業者與機械的生產狀態，調查作業者與機械的「無所事事」是如何引起的，再想辦法減少作業者及機械「無所事事」的狀態。

人機聯合分析是應用於機械作業的一種分析技術，以記錄和考察操作者和機器設備在同一時間內的工作情況，尋求合理的操作方法，分析各種不同動作的相互關係，使人和機器的配合更加協調，以充分發揮人和機器的工作效率。

人機聯合分析的目的是使「人與機械」、「人與人」的組合作業關係明顯化，以此找出「等待」及「賦閑」的時間，謀求作業的改善。用較少的人數以及較短的時間，一面謀求作業負荷均等，一面使作業員能夠舒服地完成作業。

· 發掘空閒與等待時間；
· 取消作業員的等待時間，使每人的業負荷均等；

· 縮短週期時間；

· 取消機器空閒時間，獲得最大的機利用率；

· 適當地指派人員與機器；

· 決定使用最恰當的方法。

(1)當作業者在「等待」時：

①縮短機械自動運轉的時間，改善械的運作等。

②找找看有沒有在自動運轉中能夠時從事的其他作業，不要讓雙手閑下來。

(2)當機械在「賦閑」時：

①縮短作業者單獨作業的時間。

②改善和縮短必須動手做的作業時間，實現徒手作業的自動化。

(3)當作業者、機械都在「賦閑」時

①重新編制作業次序。

②考慮到 1 及 2 項的著眼點。

(4)當作業者、機械都在忙碌時

要改善作業者及機械的作業。那麼，人和機器能不能同時工作呢？答案是肯定的。如表 33-1 所示，該表記錄了某台機器和操作者的聯合動作，由此表可知，在現行的方法中，人和機器都沒有被充分利用，人停了 4 分鐘，機器也停了 4 分鐘，人和機器的利用率都只有 60%。

表 33-1　人機聯合分析表（一）

時間/分	人	機
1	準備零件	空閒時間
2		
3	裝上零件	被裝上零件
4	空閒時間	加工
5		
6		
7		
8	卸下零件	被卸下零件
9	休整和存放零件	空閒時間
10		
利用率	60%	60%

如表 33-2 所示，經過第一次改進，人停了 2 分鐘，機器也停了 2 分鐘，人和機器的利用率提高到 75%。

表 33-2　人機聯合分析表（二）

時間/分	人	機
1	裝上零件	被裝上零件
2	準備下一個零件	加工
3		
4	空閒時間	
5		
6	卸下零件	被卸下零件
7	休整和存放零件	空閒時間
8		
利用率	75%	75%

如表 33-3 所示,經過再度改進,人和機器都可以不停,利用率達到了 100%。

表 33-3　人機聯合分析表(三)

時間/分	人	機
1	裝上零件	被裝上零件
2	休整和存放零件	加工
3		
4	準備下一個零件	
5		
6	卸下零件	被卸下零件
利用率	100%	100%

此時,還是同樣的設備、同樣的人,原來每小時生產 6 個產品,現在每小時生產 10 個產品。這種消除空閒的分析方法,我們可以形象地稱其為「人機效率提一提」。

有個家電公司實行電冰箱流水線作業,工作強度很大,不斷有員工因為工作強度太大而辭職。

後來請來一個專家,專家認為,公司的工作生產率大有潛力可挖,現在的利用率只有 63%。總經理當時很驚訝,說這麼緊張的流水線利用率竟然只有 63%?這個專家拿出一整套的數據,具體說出了那個地方停了單,那個地方因為什麼又出了故障,等了多長時間等,這樣一算,利用率果然只有 63%。透過改善流水線,該廠在不加大工作強度的情況下,一個星期內流水線利用率就提高到 75%,最終提高到了 83%。由此,該公司的效益也提高了。

34 現場的生產環境要檢查

分析生產、工作環境是否符合工作需要，現場還缺少什麼物品，針對不同類別場所的問題，分別提出進建議，開展「整理、整頓、清掃、清潔、素養、安全」六項 6S 活動。

表 34-1　6S 活動的內容與目的

中文	日語的羅馬拼音	內容	目的
整理	SEIRI	整理物品，明確判斷要與不要，不要的堅決丟棄	作業現場沒有放置任何妨礙工作或有礙觀瞻的物品
整頓	SEITON	將整理好的物品明確規劃、定位，並加以標識	可以快速、正確、安全地取得所需要的物品
清掃	SEISO	經常清潔打掃，保持乾淨明亮的環境	工作場所沒有垃圾、污穢、塵垢
清潔	SEIKETSU	維持以上3S工作，使其規範化、標準化	擁有整潔乾淨、明亮清爽的工作環境
素養	SHITSUKE	自覺遵守紀律和規則	養成講禮儀、有道德、自覺遵守紀律等習慣
安全	SECURITY	重視全員安全教育，每時每刻都有安全第一觀念，防患於未然	建立起安全生產的環境，所有的工作都應有安全保證

(1)整理

生產過程中經常有一些殘餘物料、待修品、待返品、報廢品等

滯留在現場，既佔地方又阻礙生產，如果不及時清除，會佔用有限的空間，使寬敞的工作場所變得窄小；使棚架、櫥櫃等減少使用價值；增加了尋找工具、零件等物品的困難，浪費時間；物品雜亂無章地擺放，增加盤點的困難，成本核算失準。

整理是對物品進行區分和歸類，將工作場所任何東西區分為必要的與不必要的兩類，並明確地、嚴格地區分開來。將不必要的東西儘快處理掉，將不經常使用或很少使用的物品放在高處、遠處乃至倉庫中去。整理後應達到的目的是：騰出空間，精簡現場，充分利用空間；節約時間，減少無用的管理；防止誤用無關的物品；營造清爽的工作場所。

按整理判定基準分類並清除不需要的物品，如表 34-2 所示。

表 34-2 整理判定分類基準表

類別	使用頻度		處理方法	備註
必需品	每小時		放在工作台上或隨身攜帶	
	每天		現場存放（工作台附近）	
	每週		現場存放	
非必需品	每月		倉庫存儲	
	三個月		倉庫存儲	定期檢查
	半年		倉庫存儲	定期檢查
	一年		倉庫存儲（封存）	定期檢查
	二年		倉庫存儲（封存）	定期檢查
	未定	有用	倉庫存儲	定期檢查
		不需要用	變賣/廢棄	定期清理
	不能用		廢棄/變賣	立刻廢棄

需要的物品，簡單列舉如下：
- 正常的設備、機器、照明或電氣裝置；
- 附屬設備（滑台、工作台、料架）；
- 台車、推車、堆高機；
- 正常使用中的工具；
- 正常使用的辦公桌、工作椅、使用中的工具櫃、個人工具櫃和更衣櫃；
- 尚有使用價值的消耗用品；
- 原材料、半成品、成品及尚有利用價值的邊角料；
- 墊板、膠桶、油桶、化學用品、防塵用品；
- 使用中的垃圾桶、垃圾袋、清潔用品；
- 使用中的樣品；
- 辦公用品、文具、有用文件、圖紙、作業指導書、報表等；
- 推行中的海報、目視板、看板；
- 飲水機、茶具；
- 最近三天的報紙、未枯死發黃的盆景；
- 其他物品。

不需要的物品，簡單列舉如下：
- 廢紙、灰塵、雜物、煙灰、油污、蜘蛛網；
- 不再使用的設備、工夾具、模具；
- 不再使用的辦公用品、垃圾桶；品袋等雜物；
- 破墊板、紙箱、抹布、包裝物、空的飲料瓶、食品袋等雜物；
- 過時的定置線、標識。
- 老舊無用的報表、帳本、破舊的書籍、報紙、文件袋；

- 損耗的工具、餘料、樣品;
- 無用的勞保用品、需丟棄的工作服;
- 過期的海報、公告物、標語、亂寫亂畫的字跡、殘留的張貼物;
- 損壞的提示牌、燈箱、時鐘、更改前的部門牌;
- 工作台上過期的作業指導書;
- 不再使用的老吊扇。

將不要的東西按「整理判定分類基準表」規定的方法處理並定期檢查。

(2)整頓

整頓是將現場經過整理留下來的物品有條理地定點、定容與定量放置,使工作場所整整齊齊,需用之物隨手可取,方便尋找,營造一個整齊的工作環境。

整頓要做到任何人特別是新員工或其他部門的員工都能立即取出所需要的東西。

對於放置處與被放置物,要易取放、易歸位,如果沒有歸位或誤放應能馬上知道,要在畫線定位、放置方法和標識方法上下工夫。

A.用 5W1H 方法發現存在的問題。首先,用 5W1H 法對現場進行分析,尤其是對平面佈置、搬運路線和物品擺放要進行分析,從中發現問題。其次,對問題追根溯源,一直分析到能採取措施為止。

B.合理放置,方便取放。對製造業來說,作業的對象大多是物流。對流動的物件,整頓並不在於單純的碼放整齊,而是要使物件拿出容易、放回方便,有明確的秩序讓人一目了然,容易查找和歸位,也就是我們常說的「看得見的管理」。為此,對佈局的設計和

工位器具的設計是整頓的重頭戲。

在工作場地使用的零件和材料有很多是相似的，整頓時尤其要注意避免混淆。辦公室的文件和資料也要擺放合理，更要記在腦子裏。爭取在一二分鐘內取出所需文件和資料。

C.整頓結果的標識。整頓完成後，為了能立即拿到使用的物品，可利用標牌、指示牌等予以標識。指示牌內容應清清楚楚指明物品名稱、分類、數量、存放位置或由誰使用等。總而言之，標識的目的是明確「是什麼」和「在那裏」，讓人一目了然。

表 34-3　責任區整頓要求

序號	對象	定位方法	標識要求
1	區域線、通道線等，包括主通道、次通道	在6S定置管理責任圖中畫出（每6個月更新繪製）	①主通道線寬80mm，通道40mm；②主通道黃色，次通道白色
2	轉道車等運輸工具、汽車等	設定存放區域，予以畫線定位	區域標識、6S管理標籤等
3	產品及原材料、物資	設定存放區域，予以畫線定位	按 ISO9000 程序要求，用標識卡陽區域標識
4	設備、設施	固定、非固定的畫線定位	設備標識牌、6S管理標籤
5	工裝、夾具、模具	設定存放區域，予以畫線定位	工裝標識卡、區域標識、6S管理際簽
6	清掃用具	專用存放櫃（設定），鉤掛定位	區域標識、6S管理標籤

續表

序號	對象	定位方法	標識要求
7	垃圾箱及其他容器	設定存放區域、畫線定位	區域標識、6S管理標籤
8	材料架、儲物櫥櫃等	設定存放區域,畫線定位	區域標識、6S管理標籤、物品明細及標籤等
9	工作台	設定存放區域,畫線定位	區域標識、6S管理標籤等
10	辦公室	設定存放區域,6S圖畫出定位	6S定置管理圖、6S管理標籤、物品明細標籤
11	垃圾場、廢料場	設定存放區域	區域標識、6S管理標籤
12	作業區、辦公區	畫線定位、柵欄定位	區域標識、6S管理標籤
13	工具、檢具	工具箱、工具車、工具架、必要時畫線定位	刻號標識、物品標籤等
14	室外	6S管理責任區圖、畫線定位	區域標識、6S管理標籤等
15	辦公室及辦公用品	6S管理責任區圖、畫線定位	物品明細標籤、6S管理標籤等、區域標識
16	車庫	6S管理責任區圖、畫線定位	物品明細標籤、6S管理標籤等、區域標識
17	洗手間	6S管理責任區圖	6S管理標籤等、區域標識、提示語

⑶清掃

「清掃」是將工作場所清掃乾淨，保持工作場所清潔、亮麗，使生產現場處於無垃圾、無灰塵、無污染的狀態。尤其是強調高品質、高附加價值產品的製造，更不容許有垃圾或灰塵的污染。需要指出的是：清掃不是額外負擔，它本身就是工作的一部份，而且是所有員工都要用心來做的工作。

消除髒汙和污染源，使工作現場乾乾淨淨、明明亮亮。消除不利於產品品質、成本、工效和環境的因素。維護設備的正常運行，減少對員工的工業傷害。

這裏的「清掃」不是指突擊性的大會戰、大掃除，而是要制度化、經常化的打掃，每位員工都要從身邊的事做起，再擴展到現場的每個角落。

清掃分五個階段來實施：

①清掃從地面開始，向牆壁和窗戶擴展。清掃要從地面開始，向牆壁、窗戶、櫃子等擴展，從大到小、由表及裏，不斷地清掃灰塵、油污、廢棄物。要堅持日清掃、週掃除、月評比，有條件的企業在清掃活動中應採用塗料和油漆粉刷設備和環境，使其色彩協調和諧。創造一個溫馨的工作環境，讓作業者每天都以愉快的心情投入工作。

②按定置管理規定標識區域和界線。清掃之後，要按 A、B 定置管理圖的規定，劃分作業的場地和通道，以及標識物品的放置位置。A 區用紅色標示，B 區用黃色標示，C 區用黑色標示，對空閑區域、小件物品區域、危險和貴重物品區域等也要用顏色予以區別（見定置管理圖的規定）。還應充分利用色彩管理達到透明直觀的效

果,例如,廢品區用黑色;運輸設施用橘黃色;起重設施用黃黑相間色;自來水管用黑色;煤氣管道用中黃色;蒸氣管道用大紅色;暖氣管道用銀灰色等。

③調查和清除污染源。清掃就是使工作現場沒有垃圾、沒有髒的東西,但更重要的是設法找出污染的源頭,清除污染源。污染大部份來自設備和管道的跑、冒、滴、漏現象,如刮大風時帶來的灰塵或砂粒;搬運散裝物品過程中可能出現的洩漏等。發現和清除污染源,可以透過手摸、眼看、耳聽、鼻聞或儀器測試等辦法。

④設備的清掃。設備一旦被污染就很容易出故障,並縮短使用壽命。為此,對設備、工裝和工具要堅持定期清掃和檢查,保持本色和整潔。對設備、工裝、模具、工具、工位器具等進行擦洗,做到物見本色。現代化大生產中,設備越大,自動化程度越高,清掃和檢修所花費的時間就越多。

⑤建立責任制。建立清掃責任制和清掃責任區,保持清掃工作日常化,杜絕污染。

(4)清潔

清潔就是保持整理、整頓、清掃(3S)的成果。營造潔淨的工作場所,提升公司形象,提升產品品位。要做到這一點,公司應動員全體員工持續參加整理、整頓活動,所有人都要清楚該幹什麼。在此基礎上,將員工達成共識的內容,形成專門的手冊或類似的文件和規定。實施清潔的方法如下:

制定專門的手冊,要明確以下內容:規定作業場所地面的清掃程序、方法和清掃後的狀態;確立區域和界限的劃分原則;規定設備的動力部份、傳動部份、潤滑、油壓、氣壓等部位的清掃、檢查

程序及完成後的狀態。

制定目視管理的基準，制定檢查考核辦法和獎懲制度，規範人的行為，固然要靠教育，但也要靠強制。定置管理和 6S 活動是和人們的懶惰、不衛生習慣格格不入的，像隨地吐痰、亂扔煙頭、亂扔廢紙等陋習，往往要靠強制的辦法去消除。

高階生產主管經常帶頭巡查，帶動全員重視 6S 活動。

制訂清掃計劃，規定責任者及日常的檢查程序和方法。

清潔的狀態包括三個要素，即乾淨、高效、安全。

清潔狀態具體包括：地面的清潔、窗戶和牆壁的清潔、操作台上的清潔、工具和工裝的清潔、設備的清潔、貨架和放置物品處的清潔。

除了日常工作中的自檢，還要組織定期檢查。一是檢查現場的清潔狀態，二是檢查現場的圖表種指示牌設置是否有利於高效作業，三是檢查現場物品的數量是否適宜。

⑸ 素 養

一切活動靠人，如果員工缺乏遵守規定的習慣，或者缺乏積極主動的精神，那麼 6S 活動就不易堅持，最終只會流於形式，成為一句口號而已。

素養就是培養員工自覺遵守生產現場規定的好習慣。員工除了要做到生產現場和設備的整潔外，還要保持個人和個人工作環境的整潔。

在改變員工自身素養的同時，也提升了企業的形象，營造了良好的企業環境，更重要的是能形成良好的企業文化，使新進廠的員工在這種企業文化的薰陶下，自覺維護公司形象，也會自覺提高自

己的素養。

要做到有「素養」，必須做好以下幾方面工作：

· 制定服裝、臂章、工作帽等識別標準。

· 制定共同遵守的有關規則、規定、作業指導書。

· 制定禮儀守則(如《員工手冊》)。

· 教育培訓(強化新員工培訓)。

· 推行各種精神昇華活動(如班前會、禮貌運動等)。

素養就是透過教育，使大家養成能自覺遵守規章制度的習慣，做到按規章辦事和自我規範，進而延伸到儀表美、行為美等，最終達成全員「品質」的提升。

(6)安全

安全就是透過制度和具體措施來提升公司生產主管的安全管理水準，以防止災害的發生。安全是現場管理的前提和決定性因素，沒有安全，一切都失去了意義。

保證職工的生命安全；保證生產系統正常運行；建立系統的安全體制；減少企業損失。

A. 徹底推行 5S 管理，因為安全管理主要取決於整理、整頓、清掃的品質。如果工作現場油污遍地、凌亂不堪，就會造成安全隱患。

B. 要在安全隱患的識別和分析上下工夫。例如在分析高空作業是用安全繩還是用吊籃時，要分別列出可能產生的各種問題，從而採取一系列預防措施，為了不漏項，要列出危險源識別項目表，利用大家的智慧來發現和解決問題。

C. 要設立標識(警告、指示、禁止、提示)。

D.要定期制訂消除隱患的改善計劃。

E.建立安全巡視制度。

35 企業診斷改善的思路

1.加一加

考慮在原來東西的基礎上能添些什麼嗎？需要加上更多時間或次數嗎？把它加高一些、加厚一些行不行？把這樣的東西跟其他東西組合在一起會有什麼結果？開討論會收集建議，看大家對此有何看法？

某旅遊區有個賣手絹的老闆，他的手絹曾經一度賣不出去。有人給他出主意，在手絹上印上旅遊圖，既方便了遊客，又可以當紀念品，這一招一下就救活了這個手絹店。

毛巾店的老闆也想到了類似辦法，他在毛巾上印上十二生肖圖。有創意的產品總有人青睞，情侶或一家人常常一下買很多條，毛巾店的老闆也由此獲益良多。

2.減一減

考慮在原來東西的基礎上能減些什麼嗎？可以減少一些時間或次數嗎？可以減輕一點重量嗎？可省略、取消什麼東西呢？例如，拖鞋就是在普通鞋子的基礎上減一減，方便人們在室內穿的。

日本新力公司在收錄機盛行於世的時候，卻開發了隨身聽的產

品。他們將收錄機的收聽和錄音功能去掉，只留下播放功能，隨身攜帶。隨身聽一推出就佔領了全球市場，所有的專利都是新力公司的，效果非常好。可見，「減一減」有時候也能減出非常好的產品來。

3. 擴一擴

把原來的東西放大、擴展會怎樣？加長一些、增強一些能不能提高速度？

很多產品都是擴出來的，例如，最初的台式風扇是放到桌子上的，如果沒有桌子怎麼辦呢？於是便出現了落地風扇。冷氣機原來是裝到窗戶上的，接著擴一擴，變成分體式，再擴一下，變成了櫃式機，再擴大一下成了中央冷氣，事物就是這樣發展起來的。

4. 縮一縮

把這件東西壓縮一下、縮小一下會怎樣？拆掉一些、做薄一些、縮短一些、減輕一些、分割得再小一些行不行？

電熱杯就是熱水壺縮一縮的結果。有一句話不是講「濃縮就是精華」嗎？

5. 變一變

改變一下形狀、顏色、音響、味道、氣味、型號、姿態、次序會怎樣？

某飯店回頭客特別多，為什麼呢？原來它的菜譜經常變化。這個飯店的廚師長如果不能做到每個月推出幾款新菜，就會被換掉。因此，該飯店菜式花樣繁多，品質有保證，並且每個新菜剛推出的前三天都以半價酬賓，自然能夠吸引大量的食客。

6. 改一改

原來的東西還存在什麼缺點？還有什麼不足之處需要改進？它在使用時是否給人帶來麻煩？有解決問題的辦法嗎？可否挪作他用，或保持現狀，只做稍許改變？

例如眼鏡，原來鏡片是用玻璃做的，光學性能不佳，而且容易碎裂，架子是金屬的，比較重。於是人們便把眼鏡架改為鈦合金的，不變形而且很輕便，把眼鏡片改為樹脂鏡片，更輕、更安全。

將卡車車身從輪子上卸下來放到貨輪上，並沒有什麼創新的技術含量在裏面，可是這個平凡的創舉——集裝箱運輸，卻能使遠洋貨輪的效率提高 4 倍，在過去的 30 年中，使貨運量翻了 5 番，成本下降了 60%，拯救了海運行業。

7. 聯一聯

某個事物的結果，跟它的起因有什麼聯繫？能從中找到解決問題的辦法嗎？把某些東西或事情相互聯繫起來，往往能幫助我們達到目的。

8. 學一學

有什麼事物和情形可以讓我們模仿、學習一下嗎？模仿它的形狀、結構、功能會有什麼結果？學習它的原理、技術又會有什麼結果？

關於「學一學」，最典型的就是仿生學。例如，人們模仿企鵝的運動方式發明了沙漠汽車，從恐龍的巨大身軀悟出建築學的道理等。

在文學藝術領域也是如此。王羲之從鵝的劃水動作中悟出楷書的筆法，張旭從公孫大娘的劍舞中悟出草書的神韻……有道是「功

夫在畫外」、「功夫在詩外」,「行萬里路、讀萬卷書」,就是告訴人們
要博採眾長。

　　所以,我們要善於從其他行業和不同的領域內吸取營養,將其
嫁接到我們所需要的地方。綜合運用不同行業、不同學科、不同領
域的東西,效果常常是出人意料的。

　　剛到機車廠工作,曾遇到一個難題:在檢修機車的一個小零件
時,需要熔化軸承合金,為此,要開啟幾噸重的軸承合金爐子,其
功率是 35 千瓦,浪費太大了!但是,誰也沒有見過小爐子,到底
能不能做呢?

　　有一天去印刷廠辦事,偶然發現他們化鉛字的爐子只有飯盒那
麼大!這啟發了靈感,回廠後,設計了比飯盒還小的化鉛爐,就解
決了熔化軸承合金的問題,消耗功率不到一千瓦,不但升溫快,而
且品質好,還得到了技術革新獎。

9. 代一代

　　某一樣東西能代替另一樣東西嗎?如果換用別的材料、零件、
方法行不行?換個人、換個機構、換個音色、換個要素、換個模型、
換個佈局、換順序、換流程行不行?

　　現在自來水管道再不用鑄鐵的了,因為用不了幾年就會銹蝕,
代之而起的是 PVC 管,只是這一「代」,水管的使用年限就得到了
大大提高。

　　在實際生產中,代一代的例子就更多了:以黏接代焊接,以焊
接代鉚接,以冷鍛代切削,以半導體代電子管,以積體電路代印刷
電路,以液壓傳動代齒輪傳動,以塑膠代鋼,以便宜的標準件代昂
貴的自製件,等等。

10. 搬 — 搬

把這件東西搬到別的地方，還能有別的用處嗎？這個想法、道理、技術搬到別的地方，還能用得上嗎？可否從別處獲取意見和建議？可否借用他人的智慧？

很可能在這個領域平淡無奇的一個東西，搬到另外一個領域卻格外有效。所以我們不能老局限在一個領域、一個範圍、一個單位裏打轉轉，要走出去，博採眾長，因為外面的世界很精彩！例如將航空座搬到長途汽車和列車上，就大大提高了旅行者的舒適度。

11. 反 — 反

如果把一件東西、一個事物的正反、上下、前後、左右、橫豎、裏外顛倒一下，會有什麼結果？世界上很多的發明都是人透過反向思維而獲得的。

法拉第的老師是大衛。大衛發現電能生磁，從而發明了電動機，這是一個跨時代的進步，但是他沒有繼續往前走。法拉第認為既然電能生磁，磁能不能生電呢？於是他又做了大膽的試驗，最後發明了發電機，這無疑也是一個跨時代的發現。大衛追悔莫及，因為缺乏一個反向的思維，就錯過了另外一個偉大的發現和發明。

人的頭腦中往往有些定式思維在阻礙著人們的進步和發現，因此，有人認為人的頭腦中有三道鴻溝，分別是理念的、文化的和感情的。只有跨過這幾道鴻溝，才可能有發明創造。

12. 定 — 定

為了解決某個問題或改進某件東西，為了提高學習和工作效率，防止可能發生的事故或疏漏，需要制定規章制度。

在經驗和教訓的基礎上，制定一些規章制度和技術標準，做到

有章可循，這就是定一定。

在企業管理中，定一定可以解決許多橫向不協調的問題。找到不協調的問題出在那裏，分析薄弱環節，然後制定措施，規定做法，這就是定一定。

每個人都希望成才，那麼，人才的標準是什麼？最根本的一條就是具有創造力！請記住：最重要的是創造，創造永無止境，這是人生的第一需要，是人才最顯著的特點，不斷創造才能贏得未來！

36 現場改善的流程

在具體的現場改善活動中，企業常常是以成本和是否容易達到來決定改善的優先順序的。

一般來說，現場改善遵循以下流程：

1. 找出現場浪費點，收集相關數據，預計結果，找到解決方案，然後做出計劃

在此步驟中，需要弄明白以下四方面：

⑴該項管理工作的目的是什麼。

⑵現狀如何。

⑶確定目標。

⑷確定怎麼做，那個部門做，期限如何，工作如何分派。

2. 實施方案

此步驟同樣包括四方面的內容：

(1)工作說明與教導。

(2)任務分派。

(3)依計劃執行。

(4)排除各種困難與障礙。

3. 評估結果

此步驟需要弄明白的問題有：

(1)評估工作進度如何。

(2)評估工作成果怎樣。

(3)檢查存在的缺失。

(4)確定值得推廣的事例。

4. 實施

若由評估結果得出結論，並未達到預計結果，則返回，重新開始以上三步。若達到預計結果，則實施，並將成功的部份標準化，便於實施，並防止錯誤再發生。

(1)將成功的部份標準化。

(2)形成後續行動的準則。

(3)對不足點提出修正，並實施。

(4)找出尚待解決的問題。

(5)確定下一步工作選題。

(6)必要的獎懲不可少。

37 設備管理的診斷方案設計

　　診斷諮詢人員根據分析的結果，結合企業的管理基礎、人員素質等具體情況，設計諮詢改善方案，使其降低成本，保證正常生產、產品製造品質和交貨期。設計設備管理諮詢改善方案有兩種思路，一種是導入全面規範化生產維修 TnPM 體制。另一種思路是針對診斷中發現的問題，對現有的設備維修體制進行補充完善。採用何種改善思路，則要根據企業的意向、決心、推動變革的能力而定，諮詢人員需要對實施的風險進行分析判斷，引導企業選擇適合的方案。

　　透過開展 TnPM 可以帶動企業完善設備管理的各項內容，是全方位進行設備管理提升的解決方案。TnPM 有固定的諮詢模式，改善方案涉及面廣，實施週期長，需要諮詢人員掌握實施 TnPM 的工具、程序，具備很強的培訓能力和協調推動能力。也要求企業高度重視，具有改善的主動性，密切配合諮詢人員推動方案實施，方能取得良好的效果。

　　例如，諮詢人員協助某捲煙廠推行 TnPM 時，制訂核心實施工作內容：

圖 37-1 TnPM 六項核心實施工作內容

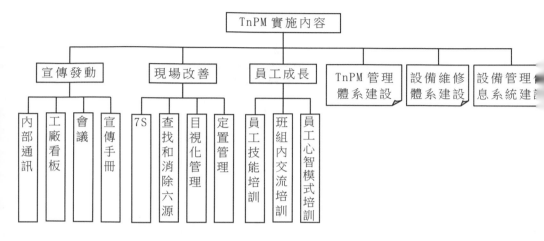

這是改善性質的方案，具有針對性強、目標集中、實施週期短、風險可控的特點。改善方案的要點如下：

(一)設計點檢定修的組織，明確職責

①生產作業人員職責：透過日常維護和日常點檢進行日常預防。

②設備點檢組織設計：把每個生產廠的作業線，劃分為若干個區域，每個區域設置點檢作業長，按專業配置點檢組，對該廠某個區域的設備負責點檢管理。

③點檢人員工作職責：

‧ 制定與修改設備點檢及維修標準。

‧ 編制與修訂點檢計劃。

‧ 進行定期點檢，對操作人員進行點檢、維修業務指導。

・收集設備狀態情報，進行設備劣化傾向管理。

・編制檢修計劃，做好維修工程的管理工作。

・制定維修備件、材料計劃。

・編制維修費用計劃。

・進行事故、故障分析處理，提出修復、預防意見。

・做好維修記錄和維修效果分析，提出改善管理、改進設備薄
　弱環節的意見。

④維修人員工作職責：根據點檢人員提供的情況，解體檢查，
更換零件，進行修理。

(二)劃分設備等級和確定維修策略

諮詢人員與企業相結合，對設備進行分類評分，共同確定設備
等級，並確定不同類別的設備的維修保養策略。重點設備與非重點
設備的劃分是選擇設備修理方式的重要依據。

表 37-1　設備分類評分標準表（示例）

項目	序號	影響內容	評分	評分標準
生產	1	開動情況	9	兩班制或兩班以上
			6	一班以上不足兩班
			3	不足一班
	2	有無代管設備	12	工廠內無代替設備
			8	工廠內有代替設備，但效率低
			4	工廠內有代替設備
	3	對機床本身損失費用	9	每小時損失費用在60元以上
			6	每小時損失費用在30元以上到60元
			3	每小時損失費用在15元以上到30元
			1	每小時損失費用在15元以下
品質	4	品質的穩定性	9	不合格率在10%以上
			6	不合格率在5%以上到10%
			3	不合格率在5%以下
	5	成品品質	9	對精度有絕對影響（不可返修）
			6	對精度有影響（可返修）
			3	對精度無影響
成本	6	購置價格	9	2萬元以上
			6	6000元到2萬元
			3	6000元以下
安全	7	故障對作業人員、作業環境的影響程度	9	對環境或人員有嚴重影響
			6	影響作業生產
			3	可以繼續工作
維修性	8	設備複雜係數（T）	9	複雜
			6	一般
			3	簡單
	9	故障頻率	10	每季5次以上
			7	每季5次和5次以下
			3	基本無故障
	10	備件情況	12	市場難以購買
			3	自製或購置週期長（1年以上）
			4	廠內自製或購置

表 37-2　設備等級劃分方法表

設備分類	總評分數	等級	維修區別
重點設備	60分以上	A級	最大預防性保養，盡可能做到不發生故障
重要設備	40分～60分	B級	部份預防性保養
普通設備	40分以下	C級	事後修理

(三)制定點檢工作計劃

點檢計劃分為日常點檢計劃、定期(重點)點檢計劃和長期點檢計劃，如表 37-3 所示。

表 37-3　點檢分類表

層次	名稱	方式	執行人員	工作手段、條件
1	崗位日常點檢	三班24小時，定時	操作工與值班維修工	生產技術設備結構知識，五感+經驗
2	專業定期點檢	白班按計劃	專業點檢員	機、電、液、水、儀錶一般知識，工具儀器+經驗
3	專業精密點檢	白班按計劃	專業點檢員或維修工	專門專業知識，精密儀器+經驗+理論分析
4	技術診斷與劣化傾向管理	按項目，定期計劃	點檢員與維修技術人員	機、電、液、水、儀錶全面知識，工具儀器+經驗+分析方法
5	精度測試檢查	定期	點檢員與維修技術人員	設備精度知識，精密儀器+經驗、分析判斷能力

(四)設計設備管理的核心流程

例如，諮詢人員對設備點檢維修工作流程進行規範，如圖 37-2
所示。

圖 37-2　設備維修工作流程

| 領料、準備工具 | 維修 | 操作工驗收 | 填寫維修記錄 | 填寫維修日誌 | 維修記錄卡月底匯總上交設備動力部 |

另外，諮詢人員還需幫助企業建立設備管理流程，如圖 37-3
所示。

圖 37-3　設備管理流程

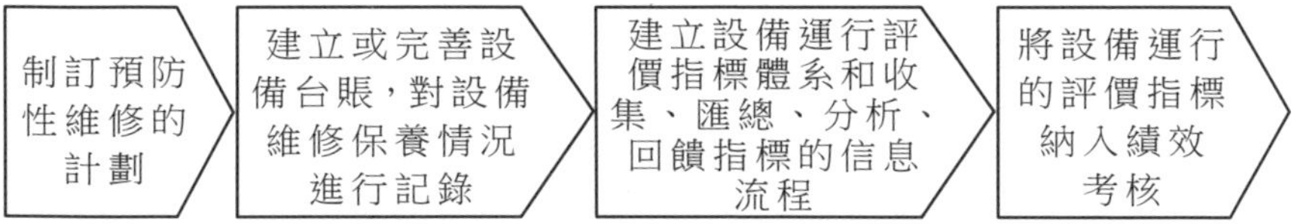

| 制訂預防性維修的計劃 | 建立或完善設備台賬，對設備維修保養情況進行記錄 | 建立設備運行評價指標體系和收集、匯總、分析、回饋指標的信息流程 | 將設備運行的評價指標納入績效考核 |

(五)補充完善設備維護相關管理制度

例如，在生產管理制度中體現操作人員遵守紀律要求，並將這
些內容納入對工廠和操作人員的績效考核中。

38 工廠診斷實際案例

一、工廠概況

　　該企業在城市郊區有 A、B 兩個工廠，廠內各設若干營業部，另外在市區內設有一個聯絡所及營業所。戰後以水泥瓦製造商起家，後來增加了混凝土塊、混凝土組裝壁、公路用水泥塊、U 字板等產品，因而逐漸擴大了工廠規模。近來開始生產中高層建築用預製材料，企業成績飛躍發展。

　　隨著生產額的增長，原材料（水泥）的購買額激增，因此，該廠同力量雄厚的水泥廠商合作，接受其資金援助，在出資額中佔了60%。但經營陣容同以往一樣，沒有變化。

　　該廠熱心於經營合理化，產品全部達到工業規格，並多次受過縣級診斷，現在被指定為中小企業合理化的樣板工廠。

　　由於該公司是土木建築材料廠商，在經營上不單純銷售產品，而且還進行建築工程。因此，除設置營業部門外還設有工程部門。所生產的預製材料全部供自己使用。如此一來，該公司工程建設金額近來大大超過產品銷售額（二倍以上）。

　　該公司的工廠分散在兩個地方，調查起來比較麻煩，因此，這次診斷是以總廠的生產管理為重點，並與此相關聯研究了全公司的

經營問題。

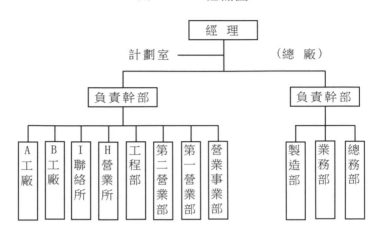

圖 38-1　組織圖

表 38-1　編制人員表

從業人員數		常務幹部	辦事員	推銷員	技術人員	員工	計	平均薪資	平均年齡	出勤年數平均連續
	男	3	33	12	19	95	159	30000 元	34.3 歲	7 年
	女	0	20	0	0	71	91	16000	34.6	4.4
	計	3	53	12	19	166	250	＼	＼	＼
上班時間		自 8 時 00 分 至 5 時 00 分	規定 9 小時，實際勞動 7 小時 50 分 休息 1 小時 10 分							
上班天數		月平均上班	25 日；月平均加班(工員每人平均 2 小時)							

表 38-2　各年度業績概況

年度	從業人員數	銷售額	純利潤	從業人員人均銷售額	純利潤率
第 16 期	223 名	255241 千元	2736 千元	1144 千元	1.1%
第 17 期	260	436197	2292	1677	0.53
第 18 期	245	595071	4782	2428	0.80
第 19 期	273	660039	4942	1810	0.75

二、調查情況

該公司創建時是總經理一家人自己經營的公司。現在總經理的出資比率已降到 1/3。最初，這是家市內有影響的批發商，由於在其經營的商品中含有水泥，因而便開始經營工廠。

總經理人品好，不獨攬一切大權，從而領導團隊內早就聚集了很多有才幹的幹部，目前實行民主經營。另一家為大宗出資者的水泥公司，也是批發商，兩家早就有交易關係。水泥公司為確保自家產品的需求，對該公司提供了援助。對於該公司的經營採取不過問態度。

戰後，水泥製品的需求猛增，該公司也乘機逐漸擴大營業面，增加了生產。一般說來，這類行業的經營者多是從事土木建築的大型的經營者和經營思想陳舊的經營者，經營基本處於落後狀態。而該公司的經營團隊則採取了進步的態度：首先是吸收專門的技術人員來謀求技術革新和作業標準化。

另外，該公司非常熱心於經營合理化，多次受到有關方面的表

揚,現被指定為合理化的模範工廠。

該公司的經營方針是以穩健為宗旨,謀求計劃運營,是根據長期計劃整理出利潤計劃,生產計劃、銷售計劃等資料,並以此作為每月的管理基準。

該公司經營的基本指導思想是以「三愛」(1.愛國家和社會;2.愛公司和工廠;3.愛自己和同事。)為宗旨,致力於理想性經營。

該公司日常業務合理化的指針是條理、整齊、清潔、衛生。

這些都是出於作業效率和安全上的考慮,因為像該公司這種處理重大物體的裝置工業,現場很容易散亂。另外,該公司去年還成立了新生活運動委員會,以提高人們的熱情。

三、診斷建議

該公司創業已二十年,最近企業成績顯著,從生產額和銷售額來看正處於由中小企業向大型企業邁進階段。

最近遷移了工廠,研製出了新產品,使經營內容有了重大變化。新工廠已於去年建成,有了設備現代化及改變部門佈局,促進了生產率的提高。新產品為預製材料,由於它伴隨著直接經營工程,從而使銷售額劇增,今後仍可望進一步增加。

因此,在生產管理中其重點在於加強預製材料生產。但是,與歷來的小物件大量生產品相比,預製材料的生產工序是大物件多產品種類少量生產,因而標準化落後,機械化困難,從而成為一種不穩定、效率低的企業。根據這次診斷,即便進行經由概況調查所決定的改造(採用流水作業方式),效率也可望提高近 90%,如果再進

行更細緻的改造並加強管理的話，效率提高 100%亦非難事。

如此增產體制一旦確立，下一步就要考慮增強銷售能力這一問題，因而營業部門也要及早研究對策。

可以預料，透過技術革新預製材料今後還將有所進步和發展，因而有必要採取與之相對應的體制。首先，要在廠房及編制上分別使預製專業獨立出去；接著，要準備新設備，建設新廠房，以備建築構造的高層化；再者，要加強技術隊伍，增加研究經費，以此作為上述的後盾，且有必要加強工廠的組織活動，提高管理者的能力。

1.加強工廠的組織能力

該公司的工廠管理部門與營業部門相比也顯得比較脆弱。為了使其今後有所發展，應加強編制並募集人才。雖然現在實行著綜合性統計管理，但生產管理部門薄弱，因而應特別加強該部門的管理。為了提高單位或部門管理人員的管理能力，最好對管理者實施教育。

2.加強技術隊伍

關於這個問題的重要性前面已經談過：但在該公司由於行業特點的緣故，與其他行業相比，技術所佔的比重很大。亦即，與機械工業等相比，依賴於熟練工的程度低，大部份作業內容簡單，不熟練工也可操作。由此來看，決定基礎作業方式，改革機械裝備就可大幅度提高質量和效率，並使作業簡單化，從而節簡人員。上面這一切都有賴於技術研究。

經由技術革新，將研製新產品，採用新技術。如此就可望大大增加銷售額和利潤。因此，要僱用技術人員，同時增加研究經費，積極進行研究活動。

四、調查情況——經營分析與統計管理

（一）關於會計資料的處理

該公司的增長率明顯提高，為瞭解其情況，分別調查了本期和四年前的全年度主要成績的數值，研究了過去五年的增長情況。為了分析研究最近二年的企業成績，還就上一期和本期的借貸對照表和盈虧計算書加以調查，並進行經營分析（表 38-3～表 38-6）。

表 38-3　借貸對照表（資產部份）

資產部份			上一期		本期		增減	
流動資產	速動資產	現金、活期存款、普通存款	57,464 千元	%	31,006 千元	%	26458 千元	%
		公積金、定期存款	20,173		30,014		9,841	
		應收票據	51,097		14,861		36,236	
		賒售款	73,047		72,572		475	
	速動資產合計		201,781	48.2	148,453	37.5	53,328	10.7
	雜項	臨時付款	799		1,110		311	
		放款	5,000		0		5,000	
		墊款	0		593		593	
		預付款	1,263		0		1,263	
		未完工程支出金	27,453		29,010		1,557	
		其他	5,538		7,645		2,107	
	雜項合計		40,053	9.5	38.358	9.7	1.695	0.2
	盤存資產	商品	0		168		168	
		產品	20,568		27,179		6,611	
		儲藏品	2,954		3,934		980	
	盤存資產合計		23,522	5.7	31,281	7.9	7,759	2

續表

資產部份		上一期		本期		增減	
流動資產合計		265,356	63.4	218,092	55.1	47,2649	8.3
固定資產	有形 土地	62,256		62,525		269	
	建築	50,219		65,174		14,955	
	設備，機械	21,939		26,635		4,696	
	工具，雜器	2,479		4,048		1,569	
	車輛，搬運工具	8,411		12,853		5,442	
	基建項目	5,009		0		5,009	
	無形投資 專利權	312		209		103	
	鵑會出資公稽金	300		2,190		1,890	
	退職金專款保險金	2,074		2,630		556	
固定資產合計		152,999	36,6	176,264	44.5	23,265	7.9
遞延資產	開發費			1,600		1,600	
	合計			1,600	0.4	1,600	
資產合計		418,355	100	395,956	10Q	22,399	

表 38-4　借貸對照表（負債資本部份）

負債資本部份		上一期		本期		增減	
		千元	%	千元	%	千元	%
流動負債	短期借款	36,270		47,500		11,230	
	支付票據	102,955		110,536		7,581	
	賒購款	7,352		14,398		7,064	
	未付款	71,775		50,715		21,060	
	臨時收款	103		54			
	保管金	767		483		284	
	預收款	448		98		350	
	未完工程收款	10,638		26,231		15,593	
	票據背書債務	17,155		0		17,155	
	流動負債合計	247,463	59.1	250,015	63.3	2,552	4.2
專款	呆帳專款	1.044		1,850		806	
	價格變動備款	1,734		1,910		176	
	納稅專款	3,787		4,370		583	
	退職薪資專款	1,967		2,103		136	
	獎金專款			3,097		3,097	
	專款合計	8,532	2.3	13,330	3.3	4,798	1.0
流動負債‧專款合計		255,995	61.4	263,345	66.6	7,350	5.2
固定負債	長期借款	112,245		107,005		5,240	
	固定負債合計	112,245	26.7	107,005	27.0	5.240	0.8
總負債合計		368.240	88.1	370,350	93.6	2,110	5.5
自有資本	股本	11,000		11.000		0	
	再估價公積金	923		923		0	
	法定公積金	1,980		2,180		200	
	另項公積金	3,725		6,225		2.500	
	滾存盈虧	354		336		18	
	本期盈虧	4,782		4,942		160	
	自有資本合計	22,764	5.4	25,606	6.0	2,842	1.0
負債資本合計		418,355	100	395,956	100	22,399	
貼現票據		27,351	6.5	0		27,351	

註：負債資本合計中包括貼現票據在內。

表 38-5　盈虧計算書

項目		上一期	本期	增減
		千元	千元	千元
銷售額	產品銷售額	595,071	660,039	64,968
	加工收入額			
	純銷售額	595,071	660,039	64,968
銷售成本	期初盤存額(產品)	25,740	25,222	518
	本期商品進貨額本	16,744	52,176	35,432
	期產品製造成本期	187,396	211,590	24,194
	期末盤存額(產品)	25,222	35,635	10,431
	銷售成本	204,658	253,335	48,677
	銷售總利潤	390,413	406,704	16,291
銷售費及一般管理費	幹部薪金津貼	3,516	4,182	666
	辦事員薪金津貼	19,393	23,452	4,059
	福利衛生費	3,211	4,146	935
	廣告宣傳費	2,274	2,095	179
	運費包裝費	17,388	17,486	98
	差旅費	3,576	4,984	1,408
	通訊費	2,863	3,718	855
	社交費	2,499	2,814	315
	辦公用品費	715	922	207
	折舊費	2,036	2,511	475
	租稅捐款	2,023	2,559	536
	支付利息、折扣費	11,147	16,954	5,807
	雜費	395	917	520
	工程費	304,093	296,768	7,325
	其他	7,581	12,834	5,253
	合計	382,710	396,342	13,632
	本期營業利潤	7,702	10,361	2,659
營業外收支及經收費	營業外收入	1,307	2,211	904
	應收利息	1,662	1,757	95
	其他經費	1,013	1,841	828
	純利潤	4,782	4,942	160

表 38-6　盈虧計算書（其他格式）

	上一期	本期	下一期
1.銷售類	595,071	660,040	618,697
產品銷售額	205,875	199,901	186,821
完工額	389,196	460,137	431,846
2.銷售工程成本	527,032	568,380	514,048
製造成本	204,659	205,345	227,031
採購品成本		47,990	3,221
工程費	304,093	296,768	263,097
銷售費	18,280	18,275	20,699
3.一般管理費	49,189	64,345	69,113
4.營業利潤	18,850	27,316	35,506
5.經常利潤	9,658	12,489	14,755
營業外收益	2,970	3,970	
營業外費用	12,162	18,795	
6.納稅前利潤	8,082	9,312	23,775
7.純利潤	4,782	4,942	10,455

（二）統計管理上的問題

　　其次，該公司的幹部一般而言合理化意識強，因該公司的經營內容與一般工廠相比顯然要複雜得多，所以經營內容能否正確反映出來？

（三） 經營內容的複雜性

若僅從該公司的製造部門來看，因其單位是按產品種類劃分的，所以如果單計算製造成本（狹義）的話，並無問題。問題在於不同品種或不同部門的成本計算率的計算方法。即

1. 在產品中，不僅有直接銷售的，而且還有許多是由工程部門消費的（預製材料全部由工程部門消費）。

2. 工程部門也是一種直接部門，但該部門還使用其他購買商品。

3. 銷售部門（營業所）同時負責產品銷售和接受工程定貨。

4. 最近，該公司工程部門的銷售超過產品銷售（今後還可能增大）。

5. 在收益率方面，也是工程部門高，製造部門由於成本高致使收益率很低。

（四） 不同部門在計算上的問題

在研究製造部門，工程部門以及銷售部門的成本計算時，所要注意的問題是如何決定移動於各部門之間的產品結帳價格。它對於製造部門來說是賣價，對於工程部門，銷售部門而雷是買價。這一個價格可按下述考慮決定。

1. 盡可能以市價為基準，在不明確時，要設定標準成本數值。

2. 依此研究製造部門中各部門或各種產品的成本計算。

3. 營業部門要防止賤賣。

在近五年裏修訂了兩次價格（提價），但實際上其修訂基準對製造部門來說是很苛求的。預製材料的 100%由工程部門消費。但由

於不能從其他途徑買進這種材料進行施工，因此應視之為附帶工程的銷售。

如果按現在的計算方式，製造部門的收益率低，而工程部門的收益率高。盡管如此，由於預製材料的成本並不高，因而沒有考慮縮小或取消不合算的部門。

表 38-7　製造成本計算書

項目	上一期	%	下一期	%	增減	%
	千元	%	千元	%	千元	%
1.期初原材料盤存額	2,186		2,954		768	
2.本期原材料購買額	87,228		100,486		13,258	
3.期末原材料盤存額	2,954		3,934		980	
A原材料費	86,460	46.1	99,506	47.0	13,046	
B廠外訂貨加工費	553	0.3	435	0.2	118	0.9
1.薪資、薪金	41,617		45,267		3,650	
2.福利衛生費	5,269		5,713		444	
C勞務費	46,886	25.0	50,980	24.1	4,094	0.9
1.電力費	1,277		1,613		335	
2.燃料費	614		799		185	
3.煤氣，水費	719		786		66	
4.修繕費	8,659		9,967		1,308	
5.消耗品費	8,172		6,221		1,951	
6.租賃費	1,252		128		1,124	
7.保險費	184		199		15	
8.折舊費	11,852		15,366		3,514	
9.其他經費	20,768		25,590		4,822	
D工廠經費	53,497	28.6	60,669	28.7	7,172	0.1
本期製造經費 E（A+B+C+D）	187,396	100	211,590	100	24,194	

五、診斷建議

（一）經營增長的實況

為了掌握過去五年間該企業有多大程度的發展，現將主要數值的比較結果用附表表示出來。

表 38-8　經營增長的實況

項目	15期	19期	增長率
（經營規模）			
經營資本	118,982千元	395,956千元	417.0%
從業人員數	211人	237人	112.0%
銷售額	197,614	660,039	334.0%
（設備投資）			
自有資本	20,453	25,607	125.0%
固定負債	17,406	107.004	615.0%
機械設備	17,219	30,683	178.5%
車輛，搬運工具	4,940	12,853	260.5%
土地	4,827	62,524	295.0%
建築	14,234	65,174	458.0%
（企業所得）			
營業利潤	9,691	27,316	284.0%
從業人員人事費	30,481	70,931	232.5%
幹部報酬	2,691	3,490	129.0%
人事費總額	33,172	74,421	224.0%
（生產率）			
製造部門加工額	44,985	83,386	185.0%
製造部門生產額	93,123	164,497	176.5%
製造部門從業人員數	96人	104人	104.0%
人均加工額	469千元	801千元	170.5%
加工額對人事費比率	31%	34.6%	111.0%

(1)銷售額顯著增加，但生產額並未相應增加。

(2)由於新建工廠：土地和建築物激增，隨著土地、建築物的增加和銷售額的增加，經營資本及固定負債也顯著增加。

(3)總廠的人員數沒有什麼明顯的不同，然而人事費卻倍增。但由於加工額的增長，加工額與人事費的比率差別不大。

現將上一期及本期的比率與同規模同行業的比率（按經濟指標）進行對比的結果用附表表示出來。

(1)雖然綜合收益率（經營資本對營業利潤率、總資本週轉率、銷售額對營業利潤率）略低一些，但本期與上一期比有所提高，這一點還是令人欣慰的。

(2)固定比率雖差，但固定資產長期資本比率尚可。由於設備投資很大，所以前者比率不佳當然的。而經由長期借款可以後者完善是明顯的。

(3)流動比率及速動比率沒有惡化，此即顯示其健全性。

(4)該公司的資金週轉狀況如下，應收帳目週轉率正常，但支付帳目週轉率卻惡化了，但這並沒什麼明顯不好的。

(5)勞動生產率（每人平均加工額、加工額對人事費比率）為正常，但應當再稍降低一些人事費比率。

(6)雖然銷售額對總利潤比率高，但純利潤率卻很低。這是因為在一般管理銷售費中包括了巨額的工程費（這種計算方式有問題）。由於是特殊情況所致，因而不能說特別差。另外，利息貼現比率低亦表示資金週轉是正常的。

（二）統計管理的改善

表 38-9　經營比率

項目	公式	上一期	本期	與規模同行業比率	結語
1.經營資本對營業利潤率	營業利潤/經營資本×100	1.81%	2.64%	3.2%	稍低
2.總資本週轉率	銷售額/經營資本	1.4%	1.6%	1.4%	普通
3.銷售額對營業利潤率	營業利潤/銷售額×100	1.29%	1.57%	2.7%	稍低
4.自有資本對固定資產率	固定資產/自有資本×100	672%	688%	338%	差
5.固定資產與長期資本比率	固定資產/（自有資本+長期借款）×100	113%	133%	128.7%	差
6.流動比率	流動資產/流動負債×100	96.6%	87.2%	96.9%	稍差
7.速動比率	速動資產/流動負債×100	73.4%	59.4%	66.4%	
8.總資本對自有資本比率	自有資本/總資本×100	5.4%	6.4%	13.7%	差
9.銷售額對支付利息比率	（支付利息－應收利息）/銷售額×100	1.6%	2.3%	2.7%	普通
10.固定資產週轉率	純銷售額/固定資產	3.8%	3,7%	3.2%	

續表

項目	公式	上一期	本期	與規模同行業比率	結語
11. 應收帳目週轉率	純銷售額/(賒銷款+應收票據)	4.7%	7.5%	7.1%	
12. 支付帳目週轉率	(原材料費+廠外訂貨加工費)/(支付票據+賒購款)	1.2%	1.1%	2.1%	稍差
13. 加工額對人事費比率	人事費/加工費×100(186,703)	39.2%	37.0%	27.6%	普通
14. 從業人員人均加工額	加工額/每年平均在冊從業人員數	760千元	810千元	856千元	
15. 盤存資產週轉率	純銷售額/盤存資產	2.5%	2.1%		差
16. 銷售額對總利潤比率	總利潤/銷售額×100	65.6%	61.6%	38.2%	
17. 銷售額對純利潤比率	純利潤/銷售額×100	0.8%	0.7%	4.0%	差
18. 從業人員人均機械裝備額	機械設備/年平均在冊從業人員數	340千元	456千元	253千元	

　　該公司的統計管理與同規模、同等程度的工廠比仍算相當良好，這是該公司的經營者和幹部對此非常關心的結果。可以認為該

公司的管理水準很高。但是，統計管理的目的並不在於整理簡單的數字資料、編寫歷史，而在於有效地運用這些資料。從這一意義來看，茲針對現狀提出下述改革事項。

(1)明確目的，認員收集必要數字。

(2)如數值的變化不正常，要究其原因，同時採取措施努力加以料正。

(3)向每個幹部、負責人提供必要的資料。處級以上幹部最好要瞭解工廠的綜合成績。

(4)在評價企業成效時，要定出適當的標準值。

為了與營業部門分開研究工廠(製造部門)的成果，現定出了獨特的結帳價格。但由於各產品，各部門的成效差別較大，反而變得不明確了。

作為結帳價格的決定方法，一般說來或以製造成本為基準，或從賣價來推算。但在實際使用時要以下述兩點為前提。亦即：①無論採取這兩種方法中的那一種都沒有太大的差別；②各產品的差別從常識上解釋得通。

總工數	建築m³實際成績
人事費	每1m³銷售金額
工廠經費	邊際利潤卒
加工額	邊際利潤額
每人平均加工額	每人平均建築1m³實際成績
每人平均加工費	建築1m³加工費

該公司的問題在於工程銷售上由於全部使用自家產品，不能購

入其他公司的產品（從相反方面來看，自家產品是接受工程訂貨的基本條件），因而不能嚴格地從工程利潤中分離出產品利潤。在這種情況下，即使硬行決定結帳價格並進行計算並無意義。

在現階段評價工廠成效的目的，最好僅限定為提高生產率，即提高效率和降低成本，而不要與計算營業成績及綜合收益率混合一談。

「不同部門、不同產品的生產率及收益率的研究項目」。

關於實物生產率（作業效率），可使用工數或建築容積（m³）設定與各產品種相應的標準。因該數值還將成為生產計劃的基準，所以要確定更加詳細、正確的數值。

至於成本的使用，可採用標準成本管理。但算出正確的標準成本並非易事，目前可從上一年度的實際成績算出平均成本，以此作為下一年度的基準。年度一變化，薪資就會提高，還將進行設備投資（手工業的機械化等），如果努力使成本不超過上一年度，或按一定目標降低成本的話，仍可認為企業成效有所提高。

六、生產調查

總廠除生產預製構件外，還生產石板瓦、公路工程材料等，現已對於下述管理系統進行了書面調查。亦即，總體銷售計劃及生產計劃的制定方法、工序管理的實施情況、事務手續、材料管理、產品的庫存管理等。

銷售管理概況：根據銷售計劃確定出各部門的年度銷售目標，各部門根據這一目標制定月目標。每月召開一次幹部會議，研究預

定目標與實際成效的差異。各部門也召開銷售會議研究計劃與實際情況。

所需參考資料，有各種產品的銷售情況，邊際利潤率及最近的傾向等。銷售管道的情況是，該公司生產量中約有 40%由公司工程部門使用，其他銷售給工程業者。生產形態為，定貨生產佔 15%，市場生產佔 85%。

材料及購買管理概況：作為主要原材料的水泥，公司與廠商訂有長期合約。水泥被直接投入大型混凝土自動攪拌機內，庫存很少。石子等材料是先放在野外，然後再投入攪拌機內。

關於對原材料利用率的瞭解，每月將水泥加料一次就可大致瞭解原材料利用率。但是，由於統計管理不完善，不能瞭解各種產品的原材料利用率。

平均庫存為，水泥 2 天，石子，沙 5 天、鋼筋 1 個月。水泥從附近的服務站進貨。

七、診斷建議

（一）目前的問題

生產計劃的目的一方面在於向營業部保證交貨期和交貨數量，另一方面在於經由合理的生產方法降低成本。作為降低成本的最有效辦法，首先是謀求提高總體開工率，這是按照長期計劃（大日程計劃）的步驟，基於銷售預測高度穩定每月的生產量。

亦即，在需求淡季為了不降低生產量，要調整庫存，並應制定產品的庫存計劃。

其次是按照具體計劃（中日程計劃即月計劃）的步驟，每日安排適當的產品種類和產量，提高設備和人員的開工率。為此，要盡可能按批量生產，減少改變程序的次數；而且，在分配工作量時要根據標準時間（工數）安排與實際時間相符的工作量。

從該公司的現狀而言，大日程計劃基本上形式完備，但中日程計劃因委託部門或單位制訂，內容不夠充分。特別是就預製材料、混凝土這種多品種少量生產的生產量確定標準時間（工數）時並沒有按品種確定，只停留在大體的平均工數和平均 m^3 的程度上，缺乏準確性。

在中日程計劃階段，由於關係到庫存計劃和銷售計劃的調整問題，所以最好主要由中央生產計劃部門來決定每日、各產品種類的生產量。

在小日程計劃（週計劃以下）階段，是按人分配，當然主要由單位來決定。

（二） 產品庫存計劃的實施要領

與生產計劃相關聯，必須制定產品的庫存計劃。在大日程計劃中，必須就長期的銷售計劃與生產計劃制訂主要產品的庫存計劃。

在中日程計劃中，因為多產品種類少量生產的產品是按適當的批量生產的，應採用庫存管理原則，其管理系統有下述兩種。

就小物品（產品種類多者）而言，適宜採用訂貨點管理系統（定量訂貨方式）。即，把庫存量經常維持在基準的最大和最小量之間。

對於大件產品（產品種類少），適宜採用調整差額方式。這亦稱為定期訂貨方式。是在根據每月一次的生產計劃決定所需量時，但

須把安全庫存（預備庫存）考慮在內。

　　換言之，即使按照月計劃事先決定所需生產量，事後也會因改變計劃或追加生產而改變銷售量。但經由保有預備量可以調整差額，無需在月中改變計劃，故可穩定生產。這種方式的計算公式如下：

　　當月生產量＝當月所需量加標準庫存量/實際庫存量（上月末）

八、生產管理的調查

　　搬運管理：該公司的產品為重物件，在搬運方面平白耗費了很多勞力，因此必須改善搬運。

　　其改善措施，除改善搬運方法本身外，也要考慮改善單位設置（設備配置）。後者是減輕搬運量的根本措施，但由於盡快實施有困難，所以這裏只提出了前者。

　　預製作業流水線化：預製材料形狀大、份量重，處理起來很麻煩，雖然集中了很多人員，但從現狀來看效率仍然很低。但該產品在該公司增長率較高，銷售部門也要求增產，現在的狀況是二者相互不適應。

　　所以，我們就各工序進行了作業分析，製定了工作效率圖表，明白了工序不平衡的狀況。針對這種現狀，研究流水作業化的方法，最後決定採用流水作業方式，亦即，將 12 道工序集中為 5 道，按 6 分鐘的間隔時間進行流水作業。

　　現在，由於作業者的技術不熟練和作業條件的變動，致使時間上很不平衡，如此將工序集中於一個長時間內易於作業的穩定化。

如此,估計可比現狀增產近 90%,但且需要進行設備投資,增加人員。

九、生產管理的診斷建議

1.對預製件部門的效率進行研究

這個部門的問題在於開工率與其他部門比較時顯得太低。混凝土塊及石板瓦屬於大量生產,是簡單機械作業的反覆,因作業者技術熟練,所以效率很高。反之,預製件屬於大物件少量生產,對多數人的集體作業進行管理較為困難。

2.改善作業方式

從該公司的現場作業情況來看,不少地方仍習慣於老式低效率的作業方式。

針對這種情況,必須設立作業改革的專門參謀機構;應強調現場管理人員要擔負起改革作業方式的任務;同時還應加強建議制度等,以此來謀求提高生產率。

隨著改革將帶來設備投資的變動,為促進改革,最好設定相應的設備投資預算額(基準)。

3.改善搬運管理

該公司的產品是重物件,搬運時需要很多勞力,如此將會造成勞力的浪費,工作效率低下。因此必須重視改善搬運管理。

特別是加工後搬往儲藏室等作業,搬運性勞動幾乎佔 100%,這一階段需要勞力特別多應列為改善的重點。對於上述作業若能有所改善將節減人員,其效果是一舉兩得。

4.有關改善預製件作業的改革

預製件作業人員多，效率低，應透過採用流水作業方式加以改善。

鑑於模型板每日週轉一次，有必要大量增加模型板，還要增加一名人員。雖然人員增加了，但因為可能大幅度增產，在經濟計算上不會有什麼問題。

(1)流水工序的編制方法

現在分為挖道工序，但時間上很不平衡，因此，可將原有的挖道工序集中為 5 道工序，分別由 5 個組來負責，這樣就可按每隔六分鐘生產一件的速度進行流水作業。如此安排時間十分寬裕，如作業熟練的話還可進一步提高效率。

(2).新作業的效果

與現狀相比較，效率將為 189%。為此增加的費用為；人事費年增加 2160 萬日元，增加模型板所需設備投資為 7600 萬日元。

如前所述，工廠計算預製件生產的利潤是困難的，為方便計算起見，現決定計算出全公司的綜合利潤。即，因預製件的增產全部與增加工程有關，所以如援用本期的實績計算總利潤的話，為增加 4500 萬日元。

十、勞務管理的調查

從該公司的人員結構來看，女工佔總人數的 36%。就整體而言其作業性質屬於裝置工業，需要熟練技術的工序不多。由於是處理重物件，其作業是粗工，大部份是單純的勞務。因此，從現場作業

情況來看，作業者的動作緩慢，開工率並不高。

從業人員的平均年齡比較高，男女均為 34 歲。這大概是因為工場在大城市近郊，招工比較困難所致。此外，或許因為在農村的緣故，平均薪資不太高，最好採用超額生產有獎薪資制。另一個問題是女工年齡過大和其缺勤率高。

公司方面對提高從業人員的熱情採取了積極的態度。即，由各班派出 2～3 人組成新生活委員會，每月開會一次，其目標是做好單位建設。

此外，公司還經由內部通報（每月一次）、例會等方式溝通思想。

十一、勞動管理的診斷建議

（一）提高出勤率

該公司的出勤率為 80%，可以說比一般水準低 10%，出勤率低將會造成下列損失：

1. 作業人員欠缺致使作業方式不妥，從而大大降低了效率。

2. 缺勤者的工作負擔加在出勤者身上，造成負擔過重，增加疲勞。

3. 要經常考慮若干個預備人員，造成人事費的浪費。

4. 管理人員要在每天早上監督出勤人員後再做計劃，造成作業分配繁雜。

上述損失綜合起來，相當於缺勤者日薪的 2～3 倍。

人員缺勤的對策如下：

1. 處分出勤率低的人——缺勤多的人通常僅佔一部份，大多的

人出勤率還是高的。因此要處分差的，獎勵好的。

2.增加全勤獎的金額——至少要增加三天的薪資額。由此促進出勤意識。

3.各單位比賽出勤率——公佈各單位的出勤率，表彰優秀者，發給獎金。

4.嚴格執行請假制度——無故缺勤損失最大，因此要使從業人員事先請假。

5.內部檢討如何塑造「樂在工作」之環境。

（二） 支付超產獎金

該公司的薪資體系為固定薪資，但由於該公司為簡單作業，重體力勞動，因此，為了提高勞動熱情，有必要支付超額生產獎，但不要全採用超額生產產獎，而要採取在原來固定薪資的基礎上附加薪資這種方式，以求收入的穩定。超額生產獎在全部薪資中所佔比率以 30%左右為宜。

企業雖然有採用超額生產獎制，但其計算方式並非千篇一律。要根據作業的性質相應變化。

具體例子如下：

1.個人承包方式：適用於以個人為主的作業。

2.集體承包方式：適用於聯合作業（班組作業）。流水作業時，應將全體人員視為一個單位。分配時除基本薪資外，可加上評價工作的係數。

3.利潤分配方式：就整個單位或整個工廠而言，要按部門分別計算利潤，將一部份利潤以獎金的形式歸還原部門。對於那些零件

加工多，利用廠外訂貨多、需要全廠合作時(如組裝產品等)的產業適合採用這種方式。

心得欄 ----------------------------

臺灣的核心競爭力，就在這裏！

圖書出版目錄

　　憲業企管顧問（集團）公司為企業界提供診斷、輔導、培訓等專項工作。下列圖書是由臺灣的憲業企管顧問（集團）公司所出版，自 1993 年秉持專業立場，特別注重實務應用，50 餘位顧問師為企業界提供最專業的經營管理類圖書。

　　選購企管書，敬請認明品牌：憲業企管公司。

1. 傳播書香社會，直接向本出版社購買，一律 9 折優惠，郵遞費用由本公司負擔。服務電話 (02) 27622241　(03) 9310960　　傳真 (03) 9310961
2. 付款方式：請將書款轉帳到我公司下列的銀行帳戶。

・銀行名稱：合作金庫銀行（敦南分行）　帳號：5034-717-347447
　公司名稱：憲業企管顧問有限公司
・郵局劃撥號碼：18410591　郵局劃撥戶名：憲業企管顧問公司

3. 圖書出版資料每週隨時更新，請見網站 www.bookstore99.com

────── 經營顧問叢書 ──────

146	主管階層績效考核手冊	360 元		226	商業網站成功密碼	360 元
147	六步打造績效考核體系	360 元		228	經營分析	360 元
148	六步打造培訓體系	360 元		229	產品經理手冊	360 元
149	展覽會行銷技巧	360 元		230	診斷改善你的企業	360 元
150	企業流程管理技巧	360 元		232	電子郵件成功技巧	360 元
152	向西點軍校學管理	360 元		234	銷售通路管理實務〈增訂二版〉	360 元
154	領導你的成功團隊	360 元				
155	頂尖傳銷術	360 元		235	求職面試一定成功	360 元
160	各部門編制預算工作	360 元		236	客戶管理操作實務〈增訂二版〉	360 元
163	只為成功找方法，不為失敗找藉口	360 元		237	總經理如何領導成功團隊	360 元
				238	總經理如何熟悉財務控制	360 元
167	網路商店管理手冊	360 元		239	總經理如何靈活調動資金	360 元
168	生氣不如爭氣	360 元		240	有趣的生活經濟學	360 元
170	模仿就能成功	350 元		241	業務員經營轄區市場（增訂二版）	360 元
176	每天進步一點點	350 元				
181	速度是贏利關鍵	360 元		242	搜索引擎行銷	360 元
183	如何識別人才	360 元		243	如何推動利潤中心制度（增訂二版）	360 元
184	找方法解決問題	360 元				
185	不景氣時期，如何降低成本	360 元		244	經營智慧	360 元
186	營業管理疑難雜症與對策	360 元		245	企業危機應對實戰技巧	360 元
187	廠商掌握零售賣場的竅門	360 元		246	行銷總監工作指引	360 元
188	推銷之神傳世技巧	360 元		247	行銷總監實戰案例	360 元
189	企業經營案例解析	360 元		248	企業戰略執行手冊	360 元
191	豐田汽車管理模式	360 元		249	大客戶搖錢樹	360 元
192	企業執行力（技巧篇）	360 元		252	營業管理實務（增訂二版）	360 元
193	領導魅力	360 元		253	銷售部門績效考核量化指標	360 元
198	銷售說服技巧	360 元		254	員工招聘操作手冊	360 元
199	促銷工具疑難雜症與對策	360 元		256	有效溝通技巧	360 元
200	如何推動目標管理（第三版）	390 元		258	如何處理員工離職問題	360 元
201	網路行銷技巧	360 元		259	提高工作效率	360 元
204	客戶服務部工作流程	360 元		261	員工招聘性向測試方法	360 元
206	如何鞏固客戶（增訂二版）	360 元		262	解決問題	360 元
208	經濟大崩潰	360 元		263	微利時代制勝法寶	360 元
215	行銷計劃書的撰寫與執行	360 元		264	如何拿到 VC（風險投資）的錢	360 元
216	內部控制實務與案例	360 元				
217	透視財務分析內幕	360 元		267	促銷管理實務〈增訂五版〉	360 元
219	總經理如何管理公司	360 元		268	顧客情報管理技巧	360 元
222	確保新產品銷售成功	360 元		269	如何改善企業組織績效〈增訂二版〉	360 元
223	品牌成功關鍵步驟	360 元				
224	客戶服務部門績效量化指標	360 元		270	低調才是大智慧	360 元

272	主管必備的授權技巧	360元
275	主管如何激勵部屬	360元
276	輕鬆擁有幽默口才	360元
278	面試主考官工作實務	360元
279	總經理重點工作（增訂二版）	360元
282	如何提高市場佔有率（增訂二版）	360元
283	財務部流程規範化管理（增訂二版）	360元
284	時間管理手冊	360元
285	人事經理操作手冊（增訂二版）	360元
286	贏得競爭優勢的模仿戰略	360元
287	電話推銷培訓教材（增訂三版）	360元
288	贏在細節管理（增訂二版）	360元
289	企業識別系統 CIS（增訂二版）	360元
290	部門主管手冊（增訂五版）	360元
291	財務查帳技巧（增訂二版）	360元
292	商業簡報技巧	360元
293	業務員疑難雜症與對策（增訂二版）	360元
295	哈佛領導力課程	360元
296	如何診斷企業財務狀況	360元
297	營業部轄區管理規範工具書	360元
298	售後服務手冊	360元
299	業績倍增的銷售技巧	400元
300	行政部流程規範化管理（增訂二版）	400元
302	行銷部流程規範化管理（增訂二版）	400元
304	生產部流程規範化管理（增訂二版）	400元
305	績效考核手冊（增訂二版）	400元
307	招聘作業規範手冊	420元
308	喬·吉拉德銷售智慧	400元
309	商品鋪貨規範工具書	400元
310	企業併購案例精華（增訂二版）	420元
311	客戶抱怨手冊	400元

312	如何撰寫職位說明書（增訂二版）	400元
313	總務部門重點工作（增訂三版）	400元
314	客戶拒絕就是銷售成功的開始	400元
315	如何選人、育人、用人、留人、辭人	400元
316	危機管理案例精華	400元
317	節約的都是利潤	400元
318	企業盈利模式	400元
319	應收帳款的管理與催收	420元
320	總經理手冊	420元
321	新產品銷售一定成功	420元
322	銷售獎勵辦法	420元
323	財務主管工作手冊	420元
324	降低人力成本	420元
325	企業如何制度化	420元
326	終端零售店管理手冊	420元
327	客戶管理應用技巧	420元
328	如何撰寫商業計畫書（增訂二版）	420元
329	利潤中心制度運作技巧	420元
330	企業要注重現金流	420元
331	經銷商管理實務	450元
332	內部控制規範手冊（增訂二版）	420元
333	人力資源部流程規範化管理（增訂五版）	420元
334	各部門年度計劃工作（增訂三版）	420元
335	人力資源部官司案件大公開	420元
336	高效率的會議技巧	420元
337	企業經營計劃〈增訂三版〉	420元

《商店叢書》

18	店員推銷技巧	360元
30	特許連鎖業經營技巧	360元
35	商店標準操作流程	360元
36	商店導購口才專業培訓	360元
37	速食店操作手冊〈增訂二版〉	360元

38	網路商店創業手冊〈增訂二版〉	360 元
40	商店診斷實務	360 元
41	店鋪商品管理手冊	360 元
42	店員操作手冊（增訂三版）	360 元
44	店長如何提升業績〈增訂二版〉	360 元
45	向肯德基學習連鎖經營〈增訂二版〉	360 元
47	賣場如何經營會員制俱樂部	360 元
48	賣場銷量神奇交叉分析	360 元
49	商場促銷法寶	360 元
53	餐飲業工作規範	360 元
54	有效的店員銷售技巧	360 元
55	如何開創連鎖體系〈增訂三版〉	360 元
56	開一家穩賺不賠的網路商店	360 元
57	連鎖業開店複製流程	360 元
58	商鋪業績提升技巧	360 元
59	店員工作規範（增訂二版）	400 元
61	架設強大的連鎖總部	400 元
62	餐飲業經營技巧	400 元
64	賣場管理督導手冊	420 元
65	連鎖店督導師手冊（增訂二版）	420 元
67	店長數據化管理技巧	420 元
68	開店創業手冊〈增訂四版〉	420 元
69	連鎖業商品開發與物流配送	420 元
70	連鎖業加盟招商與培訓作法	420 元
71	金牌店員內部培訓手冊	420 元
72	如何撰寫連鎖業營運手冊〈增訂三版〉	420 元
73	店長操作手冊（增訂七版）	420 元
74	連鎖企業如何取得投資公司注入資金	420 元
75	特許連鎖業加盟合約（增訂二版）	420 元
76	實體商店如何提昇業績	420 元
77	連鎖店操作手冊（增訂六版）	420 元

《工廠叢書》

15	工廠設備維護手冊	380 元
16	品管圈活動指南	380 元
17	品管圈推動實務	380 元
20	如何推動提案制度	380 元
24	六西格瑪管理手冊	380 元
32	如何藉助 IE 提升業績	380 元
46	降低生產成本	380 元
47	物流配送績效管理	380 元
51	透視流程改善技巧	380 元
55	企業標準化的創建與推動	380 元
56	精細化生產管理	380 元
57	品質管制手法〈增訂二版〉	380 元
58	如何改善生產績效〈增訂二版〉	380 元
68	打造一流的生產作業廠區	380 元
70	如何控制不良品〈增訂二版〉	380 元
71	全面消除生產浪費	380 元
72	現場工程改善應用手冊	380 元
77	確保新產品開發成功（增訂四版）	380 元
79	6S 管理運作技巧	380 元
84	供應商管理手冊	380 元
85	採購管理工作細則〈增訂二版〉	380 元
88	豐田現場管理技巧	380 元
89	生產現場管理實戰案例〈增訂三版〉	380 元
92	生產主管操作手冊（增訂五版）	420 元
93	機器設備維護管理工具書	420 元
94	如何解決工廠問題	420 元
96	生產訂單運作方式與變更管理	420 元
97	商品管理流程控制(增訂四版)	420 元
101	如何預防採購舞弊	420 元
102	生產主管工作技巧	420 元
103	工廠管理標準作業流程〈增訂三版〉	420 元
104	採購談判與議價技巧〈增訂三版〉	420 元

105	生產計劃的規劃與執行(增訂二版)	420 元
107	如何推動 5S 管理（增訂六版）	420 元
108	物料管理控制實務〈增訂三版〉	420 元
109	部門績效考核的量化管理（增訂七版）	420 元
110	如何管理倉庫〈增訂九版〉	420 元
111	品管部操作規範	420 元
112	採購管理實務〈增訂八版〉	420 元
113	企業如何實施目視管理	420 元
114	如何診斷企業生產狀況	420 元

《醫學保健叢書》

1	9 週加強免疫能力	320 元
3	如何克服失眠	320 元
4	美麗肌膚有妙方	320 元
5	減肥瘦身一定成功	360 元
6	輕鬆懷孕手冊	360 元
7	育兒保健手冊	360 元
8	輕鬆坐月子	360 元
11	排毒養生方法	360 元
13	排除體內毒素	360 元
14	排除便秘困擾	360 元
15	維生素保健全書	360 元
16	腎臟病患者的治療與保健	360 元
17	肝病患者的治療與保健	360 元
18	糖尿病患者的治療與保健	360 元
19	高血壓患者的治療與保健	360 元
22	給老爸老媽的保健全書	360 元
23	如何降低高血壓	360 元
24	如何治療糖尿病	360 元
25	如何降低膽固醇	360 元
26	人體器官使用說明書	360 元
27	這樣喝水最健康	360 元
28	輕鬆排毒方法	360 元
29	中醫養生手冊	360 元
30	孕婦手冊	360 元
31	育兒手冊	360 元
32	幾千年的中醫養生方法	360 元
34	糖尿病治療全書	360 元

35	活到 120 歲的飲食方法	360 元
36	7 天克服便秘	360 元
37	為長壽做準備	360 元
39	拒絕三高有方法	360 元
40	一定要懷孕	360 元
41	提高免疫力可抵抗癌症	360 元
42	生男生女有技巧〈增訂三版〉	360 元

《培訓叢書》

11	培訓師的現場培訓技巧	360 元
12	培訓師的演講技巧	360 元
15	戶外培訓活動實施技巧	360 元
17	針對部門主管的培訓遊戲	360 元
21	培訓部門經理操作手冊（增訂三版）	360 元
23	培訓部門流程規範化管理	360 元
24	領導技巧培訓遊戲	360 元
26	提升服務品質培訓遊戲	360 元
27	執行能力培訓遊戲	360 元
28	企業如何培訓內部講師	360 元
29	培訓師手冊（增訂五版）	420 元
31	激勵員工培訓遊戲	420 元
32	企業培訓活動的破冰遊戲（增訂二版）	420 元
33	解決問題能力培訓遊戲	420 元
34	情商管理培訓遊戲	420 元
35	企業培訓遊戲大全(增訂四版)	420 元
36	銷售部門培訓遊戲綜合本	420 元
37	溝通能力培訓遊戲	420 元
38	如何建立內部培訓體系	420 元
39	團隊合作培訓遊戲(增訂四版)	420 元

《傳銷叢書》

4	傳銷致富	360 元
5	傳銷培訓課程	360 元
10	頂尖傳銷術	360 元
12	現在輪到你成功	350 元
13	鑽石傳銷商培訓手冊	350 元
14	傳銷皇帝的激勵技巧	360 元
15	傳銷皇帝的溝通技巧	360 元
19	傳銷分享會運作範例	360 元
20	傳銷成功技巧（增訂五版）	400 元

21	傳銷領袖（增訂二版）	400 元
22	傳銷話術	400 元
23	如何傳銷邀約	400 元

《幼兒培育叢書》

1	如何培育傑出子女	360 元
2	培育財富子女	360 元
3	如何激發孩子的學習潛能	360 元
4	鼓勵孩子	360 元
5	別溺愛孩子	360 元
6	孩子考第一名	360 元
7	父母要如何與孩子溝通	360 元
8	父母要如何培養孩子的好習慣	360 元
9	父母要如何激發孩子學習潛能	360 元
10	如何讓孩子變得堅強自信	360 元

《成功叢書》

1	猶太富翁經商智慧	360 元
2	致富鑽石法則	360 元
3	發現財富密碼	360 元

《企業傳記叢書》

1	零售巨人沃爾瑪	360 元
2	大型企業失敗啟示錄	360 元
3	企業併購始祖洛克菲勒	360 元
4	透視戴爾經營技巧	360 元
5	亞馬遜網路書店傳奇	360 元
6	動物智慧的企業競爭啟示	320 元
7	CEO 拯救企業	360 元
8	世界首富　宜家王國	360 元
9	航空巨人波音傳奇	360 元
10	傳媒併購大亨	360 元

《智慧叢書》

1	禪的智慧	360 元
2	生活禪	360 元
3	易經的智慧	360 元
4	禪的管理大智慧	360 元
5	改變命運的人生智慧	360 元
6	如何吸取中庸智慧	360 元
7	如何吸取老子智慧	360 元
8	如何吸取易經智慧	360 元
9	經濟大崩潰	360 元
10	有趣的生活經濟學	360 元

11	低調才是大智慧	360 元

《DIY 叢書》

1	居家節約竅門 DIY	360 元
2	愛護汽車 DIY	360 元
3	現代居家風水 DIY	360 元
4	居家收納整理 DIY	360 元
5	廚房竅門 DIY	360 元
6	家庭裝修 DIY	360 元
7	省油大作戰	360 元

《財務管理叢書》

1	如何編制部門年度預算	360 元
2	財務查帳技巧	360 元
3	財務經理手冊	360 元
4	財務診斷技巧	360 元
5	內部控制實務	360 元
6	財務管理制度化	360 元
8	財務部流程規範化管理	360 元
9	如何推動利潤中心制度	360 元

為方便讀者選購，本公司將一部分上述圖書又加以專門分類如下：

《主管叢書》

1	部門主管手冊（增訂五版）	360 元
2	總經理手冊	420 元
4	生產主管操作手冊（增訂五版）	420 元
5	店長操作手冊（增訂六版）	420 元
6	財務經理手冊	360 元
7	人事經理操作手冊	360 元
8	行銷總監工作指引	360 元
9	行銷總監實戰案例	360 元

《總經理叢書》

1	總經理如何經營公司(增訂二版)	360 元
2	總經理如何管理公司	360 元
3	總經理如何領導成功團隊	360 元
4	總經理如何熟悉財務控制	360 元
5	總經理如何靈活調動資金	360 元
6	總經理手冊	420 元

《人事管理叢書》

1	人事經理操作手冊	360 元
2	員工招聘操作手冊	360 元

3	員工招聘性向測試方法	360 元
5	總務部門重點工作（增訂三版）	400 元
6	如何識別人才	360 元
7	如何處理員工離職問題	360 元
8	人力資源部流程規範化管理（增訂四版）	420 元
9	面試主考官工作實務	360 元
10	主管如何激勵部屬	360 元
11	主管必備的授權技巧	360 元
12	部門主管手冊（增訂五版）	360 元

《理財叢書》

1	巴菲特股票投資忠告	360 元
2	受益一生的投資理財	360 元
3	終身理財計劃	360 元
4	如何投資黃金	360 元
5	巴菲特投資必贏技巧	360 元
6	投資基金賺錢方法	360 元

7	索羅斯的基金投資必贏忠告	360 元
8	巴菲特為何投資比亞迪	360 元

《網路行銷叢書》

1	網路商店創業手冊〈增訂二版〉	360 元
2	網路商店管理手冊	360 元
3	網路行銷技巧	360 元
4	商業網站成功密碼	360 元
5	電子郵件成功技巧	360 元
6	搜索引擎行銷	360 元

《企業計劃叢書》

1	企業經營計劃〈增訂二版〉	360 元
2	各部門年度計劃工作	360 元
3	各部門編制預算工作	360 元
4	經營分析	360 元
5	企業戰略執行手冊	360 元

請保留此圖書目錄：

　　　　未來在長遠的工作上，此圖書目錄

可能會對您有幫助！！

建立企業圖書館

當市場競爭激烈時：

培訓員工，強化員工競爭力
是企業最佳對策

「人才」是企業最大的財富。如何提升人才，是企業永續經營、戰勝對手的核心競爭力。積極培訓公司內部員工，是經濟不景氣時期的最佳戰略，而最快速的具體作法，就是「建立企業內部圖書館，鼓勵員工多閱讀、多進修專業書籍」

建議您：請一次購足本公司所出版各種經營管理類圖書，作為貴公司內部員工培訓圖書。 使用率高的（例如「贏在細節管理」），準備 3 本；使用率低的（例如「工廠設備維護手冊」），只買 1 本。

工廠叢書 ⑪⑭   售價：420 元

如何診斷企業生產狀況

西元二〇二〇年三月   初版一刷

編輯指導：黃憲仁

編著：何永祺　黃憲仁

策劃：麥可國際出版有限公司（新加坡）

編輯：蕭玲

校對：劉飛娟

發行所：憲業企管顧問有限公司

電話：（02）2762-2241　　（03）9310960　　0930872873

電子郵件聯絡信箱：huang2838@yahoo.com.tw

銀行 ATM 轉帳：合作金庫銀行　　帳號：5034-717-347447

郵政劃撥：18410591　　憲業企管顧問有限公司

江祖平律師顧問：紙品書、數位書著作權與版權均歸本公司所有

登記證：行政業新聞局版台業字第 6380 號

本公司徵求海外版權出版代理商（0930872873）

本圖書是由憲業企管顧問（集團）公司所出版，以專業立場，為企業界提供最專業的各種經營管理類圖書。

圖書編號 ISBN：978-986-369-090-0